Juan Hernández Ávila
Eduardo Cerecedo Sáenz
Eleazar Salinas Rodrïguez

Potencial de minerales no metálicos del Estado de Hidalgo, México

Juan Hernández Ávila
Eduardo Cerecedo Sáenz
Eleazar Salinas Rodrïguez

Potencial de minerales no metálicos del Estado de Hidalgo, México

Identificación del potencial de minerales no metálicos del Estado de Hidalgo, México

Editorial Académica Española

Imprint

Any brand names and product names mentioned in this book are subject to trademark, brand or patent protection and are trademarks or registered trademarks of their respective holders. The use of brand names, product names, common names, trade names, product descriptions etc. even without a particular marking in this work is in no way to be construed to mean that such names may be regarded as unrestricted in respect of trademark and brand protection legislation and could thus be used by anyone.

Cover image: www.ingimage.com

Publisher:
Editorial Académica Española
is a trademark of
Dodo Books Indian Ocean Ltd. and OmniScriptum S.R.L publishing group

120 High Road, East Finchley, London, N2 9ED, United Kingdom
Str. Armeneasca 28/1, office 1, Chisinau MD-2012, Republic of Moldova, Europe
Printed at: see last page
ISBN: 978-613-9-46662-7

Copyright © Juan Hernández Ávila, Eduardo Cerecedo Sáenz, Eleazar Salinas Rodrïguez
Copyright © 2024 Dodo Books Indian Ocean Ltd. and OmniScriptum S.R.L publishing group

IDENTIFICACIÓN DEL POTENCIAL DE MINERALES NO METÁLICOS DEL ESTADO DE HIDALGO, MÈXICO.

PREFACIO

Quizá para la pregunta; ¿Es necesario encontrar conocer e identificar minerales, tanto metálicos como no metálicos?; la respuesta es que sí, y está muy ligada a la historia del ser humano que, desde tiempos remotos y prácticamente en todas las civilizaciones ha existido. Porque como es sabido, en el continente americano, la cultura maya buscaba el mineral de turquesa por sus implicaciones en su cosmovisión; la obsidiana por su parte era estratégica para los teotihuacanos, y aztecas, y así esos dos minerales representaron un fuerte intercambio comercial para ambas culturas.

Así mismo, se han catalogado miles de minerales formadores de rocas con diferentes usos, como son las rocas dimensionales para fines arquitectónicos, el carbonato de calcio para la construcción o fabricación de cemento, hasta las rocas con materiales estratégicos de tierras raras, platinoides, metales base, de manganeso para la industria, la plata como moneda, entre muchos otros.

Así mismo, en la actualidad, diferentes minerales representan un valor estratégico muy alto, como el caso del litio para baterías, o las tierras raras para infinidad de aplicaciones tecnológicas.

Entre tanto, hay minerales que contienen elementos que son esenciales para la vida; el calcio para los huesos; magnesio, y estroncio para las piezas dentales, por ejemplo. De igual modo, el litio sirve para el sistema nerviosos central, el hierro para evitar anemia, entre decenas más que pueden mantener en óptimas condiciones nuestro organismo.

Hoy se trabaja intensamente en el potencial e identificación de minerales no metálicos porque son estratégicos, y también lo son los procesos de extracción de sus elementos con procesos que sean más amigables para cuidar el ambiente, la salud humana y coadyuvar en parte, a la economía local con la búsqueda, y tratamiento de nuevos minerales en las diferentes regiones que se incorporen al catálogo de las naciones; como es el caso del estado de Hidalgo.

El trabajo aquí presentado se   divide en cuatro secciones

La primera, trata sobre la evolución de la minería de los minerales no metálicos, en el mundo y en particular en el estado de Hidalgo, México.

La segunda, aborda la caracterización de sus principales propiedades de los minerales no metálicos.

La tercera, está enfocada a los principales ensayos físicos practicados a los minerales no metálicos.

Por último, se describe el potencial regional en el estado de Hidalgo con sus posibles zonas prospectivas para los minerales no metálicos.

Agradecimientos

Los autores del libro agradecen el apoyo de Gómez Hernández Gina Guadalupe, Granados Rodríguez Sheila Karen y Aguilar Callejas Mauricio, en la integración de la información, así mismo a la Universidad Autónoma del Estado de Hidalgo, a la SEP-PRODEP y al Consejo Nacional de Humanidades, Ciencias y Tecnologías (Conahcyt)

ÍNDICE

Índice de Tablas

Índice de Figuras

RESUMEN

México tiene una gran tradición en la explotación procesamiento y producción de minerales no metálicos; muchos de ellos son minerales industriales que contienen de elementos químicos que forman minerales, y a su vez, esos minerales forman rocas. Así, las rocas producto de diferentes procesos geológicos son utilizadas tal como se encuentran en la naturaleza, en procesos industriales y otros, con tratamientos extractivos se procesan y separan en función de sus propiedades físicas y químicas, proporcionándoles un valor agregado comercial. Así mismo, aumenta su consumo tanto a nivel nacional, cómo regionalmente, generando un impacto en la vida diaria, ya que los usos que se le da son muy variados, incidiendo en muchas ramas industriales.

De hecho, son muy importantes, pero existe un sub aprovechamiento, que limita el crecimiento del sector, porque actualmente hay desconocimiento del verdadero potencial y calidad de los minerales no metálicos en el estado de Hidalgo. A pesar de esto, el estado se ha caracterizado por ser uno de los principales productores de arcillas, calizas, agregados pétreos, carbonato de calcio, cantera (toba volcánica laminada y ornamental), caolín, fosforita, entre otros.

Por lo anterior, en el presente trabajo se muestra un compendio de los diferentes minerales no metálicos identificados en las distintas regiones del estado de Hidalgo, en el cual se podrá encontrar las características físicas y químicas de estos; así como la identificación de minerales no metálicos que no se habían reportado en el estado, cómo la serpentina, berilo, , fluorita blanca y xenotima, entre otros.

POTENCIAL E IDENTIFICACIÓN DE MINERALES NO METÁLICOS DEL ESTADO DE HIDALGO

INTRODUCCIÓN

El sector minero mexicano ha sido uno de los principales generadores de divisas de la economía y un importante proveedor de materias primas para la industria nacional.

El estado de Hidalgo, se ha caracterizado por ser tradicionalmente minero, y se ha sostenido en los primeros planos de la producción de minerales metálicos tales como oro, plata, cobre, plomo y zinc.

Así mismo, la región se ha caracterizado desde principio del siglo XX por ser uno de los principales productores de minerales no metálicos, sobre todo aquellas materias primas que abastecen a las plantas cementeras y caleras. Igualmente, la producción de minerales no metálicos se lleva acabo principalmente en la minería pequeña, mediana y social.

DIAGNÓSTICO DE LA MINERÍA DEL ESTADO DE HIDALGO

Evolución de la producción minera nacional e internacional

La minería es una de las actividades productivas tradicionales de nuestro país que ha contribuido de manera fundamental en su crecimiento industrial, así como también ha propiciado el establecimiento de polos regionales de desarrollo, creando empleos permanentes en aquellas zonas donde no existían o existen pocas opciones de trabajo y de ingresos, contribuyendo así al arraigo de la población en sus lugares de origen.

El desarrollo de la minería en México, en los años recientes ha permitido la cobertura de las necesidades domésticas de materias primas. En la actualidad, el país es autosuficiente en gran parte de sus necesidades de minerales, con reducidas excepciones como es el caso del aluminio y algunos minerales no metálicos (Hernández Ávila et al 2004, SGM 2023).

El conjunto de ramas industriales que utilizan minerales como materias primas, es tan amplia que comprenden, tanto las productoras de bienes intermedios y de capital, como las que fabrican productos de consumo final.

México dispone de una amplia riqueza minera, por lo cual el sector minero tiene una gran capacidad de creación de empleos, de abastecimiento del mercado interno, así como de generación de divisas. No obstante, en los últimos años, la minería del país ha resentido el impacto adverso de las condiciones desfavorables del entorno económico internacional.

A pesar de las adversidades, la minería nacional ha seguido manteniendo los niveles de empleo, la generación de divisas y el abasteciendo de materias primas al mercado nacional.

Por lo anterior, el sector minero nacional en la búsqueda de una mayor competitividad, realiza esfuerzos de reconversión y modernización de sus estructuras productivas con un enfoque de calidad total. A nivel sectorial y de cada empresa, nuestra inserción en una economía globalizada, permitirá la mayor participación de los productos mineros dentro de la producción minera mundial.

Los retos que enfrentará la minería nacional para incrementar su participación en la producción mundial, implican la adopción de cambios en los paradigmas científico-tecnológicos para enfrentar la continua transformación de procesos y productos y la substitución de materias primas.

Evolución de la producción minera estatal

A pesar de que el territorio Hidalguense solamente ha sido explorado a detalle en un porcentaje inferior al 20%, existen evidencias palpables que los eventos geológicos ocurridos en él, han favorecido la formación del amplio y variado potencial de recursos minerales metálicos y no metálicos, cuyo aprovechamiento históricamente ha mantenido al astado entre los primeros lugares de producción a nivel nacional, sobre todo de metales preciosos, algunos minerales industriales y también no metálicos.

Destacan los yacimientos de los distritos de Pachuca-Real del Monte y Zimapán, donde se localizan reservas importantes con valores de plata, plomo, oro, zinc, cadmio y cobre. Gran importancia adquiere el amplio potencial de manganeso localizado en la región de Molango; entre los minerales no metálicos, sobresalen las rocas dimensionables de variados tipos y colores como mármoles, tobas, granitos, travertinos, basaltos y obsidiana (SGM 2023, Salinas et al 2011).

Así mismo, las calizas del Valle del Mezquital, empleadas como materias primas en la fabricación de cal, cemento y en la industria de la construcción, siendo en esta región en donde se instaló la primera calera en México en el año de 1880 por el inglés Henry Gibson en la comunidad de Vito Hidalgo, dando inicio formal a la minería no metálica en el estado de Hidalgo. Así mismo, también existen importantes yacimientos de carbonato de calcio que han permitido desde hace varios años, sostener al estado como uno de los principales productores de este mineral a nivel nacional (SGM 2023, Salinas et al 2011, Hernández 2015). Además de los minerales mencionados, existen yacimientos de: arcillas, caolín, dolomita, fosforita, feldespato, barita, diatomita, bentonita, agregados pétreos, puzolana, calcita, piedra pómez, pumicita, y perlita entre otros, los cuales habían sido aprovechados sin aplicar algún sistema de explotación y desconociendo en algunos casos, los procesos productivos, así como los usos y especificaciones de los mismos, ya que en su mayoría pertenecen al sector de la minería social, (Hernández et al 2004, SGM 2023 Salinas et al 2011, Hernández et al 2015, INEGI 2023).

Por lo que se refiere a los no metálicos, cuyo mercado se rige por aspectos generalmente locales, se puede decir que la producción de estos minerales en los últimos años, ha registrado un incremento en la producción, principalmente, fluorita, sílice, feldespato, fosforita y wollastonita.

En los últimos años, la producción hidalguense de carbonato de calcio, caolín, cantera, mármol, caliza, dolomita, fosforita y agregados pétreos como la arena y la grava, ha registrado importantes incrementos. Por lo anterior, se han canalizado mayores inversiones y se han podido preservar y generar empleos en las regiones de Agua Blanca, Atotonilco de Tula, Francisco I. Madero, Huichapan, Metepec, Nicolás Flores, Progreso, Tecozautla, Tula de Allende y Zimapán, entre otros (SGM 2023).

Es así que este trabajo, pretende dar a conocer el potencial de los recursos mineros hidalguenses especialmente los no metálicos, así como su aprovechamiento racional y sustentable.

En la tabla 1 se muestra el lugar que ocupa el estado de Hidalgo a nivel nacional en la producción de cada mineral.

Tabla 1 . Producción estatal de minerales no metálicos

PRODUCTOS	2022	2023
Arcillas	5°	5°
Arena (m^3) 1/	3°	3°
Azufre	3°	4°
Calcita	2°	2°
Caliza	5°	5°
Caolín	3°	4°
Diatomita	5°	5°
Dolomita	3°	4°
Fosforita	1°	1°
Grava (m^3) 1/	2°	2°
Mármol	13°	12°
Yeso	7°	6°
Cemento	1°	1°
Cal	1°	1°
Cantera	1°	1°

FUENTE: DIRECCION GENERAL DE MINAS, SE, INSTITUTO NACIONAL DE ESTADISTICA, GEOGRAFIA E INFORMATICA, S.H.C.P., E INVESTIGACION DIRECTA. SGM 1/ MINERAL PARA CONSTRUCCION. CALCULADO EN BASE AL CONSUMO DE CEMENTO Y CAL.

Principales usos de los minerales no metálicos.

En la tabla 2 se presentan los principales usos de los minerales no metálicos como son elaboración de cemento, cal, industria alimenticia, cerámicos, pinturas, etc.

Tabla 2. Uso de los minerales no metálicos

<table>
<tr><td>
<ul>
<li>Vidrio</li>
<li>Papel</li>
<li>Cartón</li>
<li>Plásticos</li>
<li>Pinturas</li>
<li>Selladores</li>
<li>Abrasivos</li>
<li>Alimentos balanceados</li>
<li>Muebles para baño</li>
<li>Artículos escolares</li>
<li>Cemento</li>
<li>Cal</li>
<li>Industria de la construcción</li>
<li>Farmacéutica</li>
<li>Fundición</li>
<li>Alimento Humano</li>
<li>Pisos vinílicos</li>
<li>Impermeabilizantes</li>
<li>Alimentos minerales</li>
<li>Cosméticos</li>
<li>Industria Química</li>
</ul>
</td><td>

Fuente: SEDECO, Hidalgo.
</td></tr>
</table>

Por otra parte, para empezar a habar de minerales no metálicos es impórtate en primera instancia conocer algunos conceptos básicos como la definición de mineral..

Mineral: es una sustancia sólida inorgánica natural, que posee estructura atómica y un arreglo geométrico en sus átomos y composición química definida, que en ocasiones se puede encontrar asociado con otros tipos de roca (Milovski et al 1988).

Los minerales se clasifican de acuerdo con sus propiedades físicas, composición química, y por criterios cristaloquímicas y estructurales. Una característica de la casi totalidad de los minerales es la de estar constituidos por cristales. El arreglo atómico o cristalino de los minerales es el que define muchas de sus propiedades físicas. Por su parte, la estructura cristalina se caracteriza por poseer una disposición ordenada en el espacio de sus iones, átomos o moléculas (Milovski et al 1988, Santillán y González 1990, Salisbury y   Ford 1982).

En la figura 1, se muestra un esquema del arreglo tridimensional de puntos denominados puntos de celda, dónde las distancias son proporcionales entre todos los átomos vecinos de la estructura cristalina de un mineral, el cubo de color verde representa la malla, o paralelepípedo más pequeño del espacio reticular.

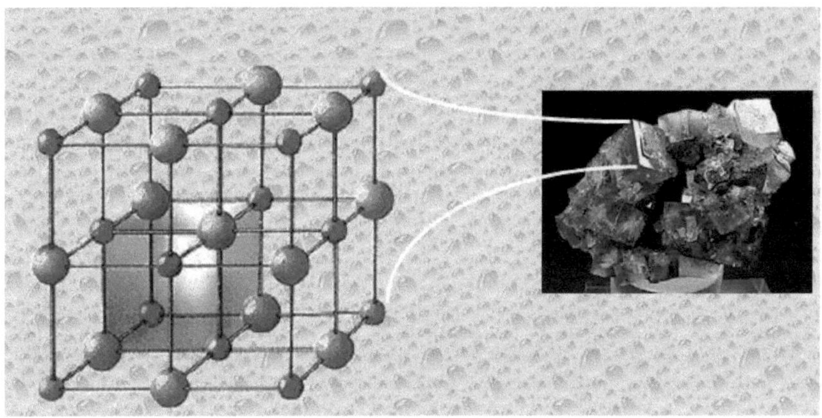

Figura 1.Estructura cristalina de un mineral(tomada de
https://www.google.com/imgres?imgurl=https://astroella.com/wp-content/uploads/2013/02/fluorit3.jpg&tbnid=bGiOkFmXyF9yMM&vet=1&imgrefurl=https://astroella.com/cristale-2/&docid=x-L5sOnbPy_ppM&w=256&h=197&hl=es-US&source=sh/x/im/m1/2&kgs=f207d6cddb6407ef&shem=abme,trie y
https://1710164.site123.me/poliedros/relacion-de-los-poliedros-con-las-estructuras-cristalogr%C3%81ficas editada por el
Dr. Juan Hernández Ávila)

MINERALES NO METALICOS

Son aquellas sustancias minerales utilizadas como se encuentran en la naturaleza, en función de sus propiedades físicas y químicas, y dada la cuantía y diversidad de productos no metálicos considerados de interés, éstos se agrupan en virtud de su importancia económica y características de mercado.

Grupo I. Carbonato de Litio, Boratos, Yodo, Potasio, Salitre, Cloruro de Sodio.

Grupo II. Carbonato de Calcio, Yeso, Pirofilita, Puzolana, Cemento, Cal.

Grupo III. Fosfatos, Arcillas, Diatomita, Talco, Silicios, Sulfato de Sodio, Azufre, Feldespato, Wollastonita, Perlita, Baritina, Sulfato de Aluminio

Grupo IV. Sodio, Magnesio, Asbesto, Oxido de Aluminio, Cromita, Grafito, Fluorita, Mica.

Se clasifican por su uso industrial.

Características de los no metálicos.

Las cualidades que todo mineral no metálico debe presentar, es como su nombre lo indica, no poseer metales en su composición; dicho de otra manera, se caracterizan por tener enlaces químicos covalentes o iónicos con otros elementos químicos. También no presentan brillo y por lo general, cuando se presentan en forma sólida son frágiles (no en todos los casos). Estos minerales también son conocidos por ser malos conductores de calor y electricidad, por lo cual son empleados como aislantes y por último, su densidad es menor a las de los minerales metálicos.

Importancia de los minerales no metálicos.

En la actualidad existen cuatro tipos de explotación mineral; las de metálicos, energéticos, piedras preciosas y no metálicos. De estos últimos, algunos de estos minerales son: la arcilla, arenas y areniscas, baritina, bentonita, caolín, cuarcitas, dolomita, feldespatos, granito, mármol, gravas, caliza, pirofilitas, sal común, sílice, talco, yeso, rocas fosfáticas, azufre, limonitas, pizarras, esquistos, micas, carbón, diamante, granito, filitas, basaltos, entre muchos otros.

 El amplio potencial de minerales no metálicos brinda la capacidad de abastecer de materias primas a una gran gama del sector industrial. La ventaja relativa que presentan los minerales no metálicos frente a los otros subgrupos de explotación mineral, respecto a la comercialización en el ámbito internacional, es que los precios

A corto y largo plazos tienden a ser más estables, ya que estos se rigen de manera regional. En la figura 2 se muestra el mapa de los principales yacimientos minerales no metálicos en México (Notstaller 1988)..

Figura 2.Principales zonas de producción de minerales no metálicos en México.

CARACTERIZACIÓN Y DETERMINACIÓN DE PROPIEDADES DE LOS MINERALES NO METÁLICOS.

En este apartado se describen algunos de los estudios analíticos que deben de realizarse a los minerales no metálicos para su caracterización, así como las pruebas que se le deben de realizas a estos minerales, para determinar sus propiedades.

Caracterización Química.

El análisis químico de los minerales no metálicos sirve como una comprobación de la uniformidad, para este análisis es fundamental la cuantificación de los siguientes ocho elementos base; Si, Al, Na, K, Mg, Ti, Fe, Ca. Y dependiendo el tipo de mineral, se cuantifican los elementos que lo componen, así mismo se determina la pérdida de masa por calcinación y el porcentaje de humedad, lo cual dependerá de cada tipo de mineral.

Este análisis, puede ser de tipo cuantitativo o semicuantitativo dependiendo de la técnica espectroscopia a utilizar. A continuación, se describen las técnicas más utilizadas para la cuantificación química de los elementos presentes en los minerales no metálicos.

Análisis por Fluorescencia de Rayos X.

La fluorescencia de rayos X (XRF), es una técnica analítica que se puede utilizar para determinar la composición química de una amplia variedad de tipos de muestras, entre los que se encuentran sólidos, líquidos, lodos y polvos sueltos. Tiene como finalidad principal el análisis químico elemental, tanto cualitativo como cuantitativo, de los elementos comprendidos entre el flúor (F) y el uranio (U) de muestras sólidas (filtros, metales, rocas, muestras en polvo, tejidos, etc.) y liquidas porque permite hacerlos sin preparación de la muestra.

Microscopía Electrónica de Barrido y Microanálisis (MEB-EDS).

El microscopio electrónico de barrido es un instrumento muy versátil, permite la observación y caracterización superficial de materiales orgánicos e inorgánicos, dando información morfológica y de composición química rápida, eficiente y simultánea del material analizado, la cual puede ser cuantitativa o semicuantitativa dependiendo del tipo de detector que este acoplado al equipo, la técnica más utilizada es la espectroscopia de rayos X de energía dispersiva (EDS, también abreviada EDX o XEDS). Es una técnica analítica que permite la caracterización química/análisis elemental de materiales de manera puntual y semicuantitativa. Una muestra excitada por una fuente de energía (como el haz de electrones de un microscopio electrónico) disipa parte de la energía absorbida, expulsando un electrón de núcleo. Un electrón de la capa exterior de mayor energía ocupa su posición, liberando la diferencia de energía como un rayo X que tiene un espectro característico, basado en el átomo de origen. Esto permite el análisis de composición de un volumen de muestra específico excitado por la fuente de energía. La posición de los picos en el espectro identifica al elemento, mientras que la intensidad de la señal corresponde a la concentración del mismo.

Espectrofotometría de Absorción Atómica.

La EAA constituye una de las técnicas más empleadas para la determinación de más de 60 elementos, principalmente en el rango de µg/ml-ng/ml en una gran variedad de muestras. Entre algunas de sus múltiples aplicaciones se tiene el análisis de: aguas, muestras geológicas, muestras orgánicas, metales y aleaciones, petróleo y sus subproductos; así como una amplia gama de muestras de industrias químicas y farmacéuticas.

La espectroscopia de absorción atómica con llama, es el método más empleado para la determinación de metales en una amplia variedad de matrices. Su popularidad se debe a su especificidad, sensibilidad y facilidad de operación. En este método, la solución muestra es directamente aspirada a una llama de flujo laminar. La llama tiene como función, generar átomos en su estado fundamental, de los elementos presentes en la solución muestra. Temperaturas cercanas a los 1,500–3,000°C son suficientes para producir la atomización de un gran número de elementos, los que absorberán parte de la radiación proveniente de la fuente luminosa de longitud de onda conocida.

Espectrofotometría de Plasma por Inducción Acoplada (ICP).

La Espectrometría de Masa con Plasma Acoplado Inductivamente (ICP-MS, por sus siglas en inglés) es una técnica de análisis multi-elemental que permite determinar y cuantificar la mayoría de los elementos de la tabla periódica a nivel de traza y ultra traza, partiendo de muestras en disolución acuosa.

La espectroscopia fotoelectrónica de rayos X (espectroscopia XPS o ESCA).

La espectroscopia de fotoemisión de rayos X (XPS), también conocida como espectroscopia electrónica para análisis químico (ESCA), es un método de análisis cuantitativo sensible a la superficie para determinar con precisión la composición elemental de los materiales sólidos tanto cualitativa como cuantitativa. Además, permite determinar el estado químico de los elementos en la superficie de un material.

Difracción de rayos X.

Es una herramienta analítica que nos permite determinar la geometría tridimensional de materiales cristalinos. Implica el uso de radiaciones electromagnéticas, es decir rayos X, para medir el espacio interatómico dentro de un cristal. Está basada en las interferencias ópticas que se producen cuando una radiación monocromática atraviesa una rendija de espesor comparable a la longitud de onda de la radiación. Los rayos X tienen longitudes de onda de Angstroms (Å), del mismo orden que las distancias interatómicas de los componentes de las redes cristalinas. Al ser irradiados sobre la muestra a analizar, los rayos X se difractan con ángulos que dependen de las distancias interatómicas. El método analítico del polvo al azar o de Debye-Scherrer consiste en irradiar con rayos X sobre una muestra formada por multitud de cristales colocados al azar en todas las direcciones posibles. Para ello, es aplicable la Ley de Bragg: $n\lambda = 2d. \sin\theta$, en la que "d" es la distancia entre los planos interatómicos que producen la difracción.

La Espectroscopia de Infrarrojos por Transformada de Fourier (FTIR).

Es una técnica utilizada para obtener un espectro infrarrojo de absorción o emisión de un sólido, líquido o gas. Un espectrómetro FTIR recopila simultáneamente datos de alta resolución en un amplio rango espectral. Esta técnica proporciona un espectro de reflexión de las bandas de los grupos funcionales de las sustancias inorgánicas y orgánicas, con lo que es posible realizar una identificación de los materiales.

El Análisis Térmico Diferencial (DTA).

Es una técnica en la cual se mide la diferencia de temperatura (ΔT) entre una muestra y un material de referencia inerte, en el intervalo de temperatura considerado, en función de la temperatura, y estando la muestra sometida a un programa de calentamiento controlado.

El Análisis Termogravimétrico (TGA).

Mide la masa (pérdida o ganancia) de una muestra mineral, cuando ésta se somete a un programa controlado de temperatura. Por esta técnica pueden determinarse: el porcentaje de pérdida de peso por descomposición, por deshidratación, por pérdida de disolvente, por pérdida de plastificante, carbonatos, y varios hidratos.

ENSAYOS FÍSICOS.

Contenido de Humedad.

El contenido de humedad, es una magnitud que expresa la cantidad de agua en un material sólido y se puede representar en términos de una base de masa seca o de una base de masa húmeda.

Por lo general, el contenido de humedad se determina mediante un método termogravimétrico, es decir, mediante pérdida por secado, en el cual se calienta la muestra y se registra la pérdida de peso debida a la evaporación de la humedad.

Las muestras deben pesarse, secarse a 110°C, enfriarse en un desecador y pesarse de nuevo. Es más conveniente expresar el contenido de humedad como porcentaje del peso sobre las muestras secas, pero como no siempre se hace así, debe indicarse el método adoptado. La fórmula utilizada es % humedad = (P.aguamuestra/P.secomuestra) * 100, % humedad =Pi-Pf/Pi * 100 donde Pi= peso inicial, Pf= peso final.

Densidad Relativa.

La densidad relativa, definida por la relación de la densidad del material a la del agua a 4°C, en un número abstracto y no requiere conversión de unidades a otras. Es numéricamente igual a la densidad cuando se expresa en gramos por centímetro cúbico (g/cm3). La densidad relativa, tanto de polvos como de sólidos en trozo grueso, puede determinarse por métodos físicos normales.

La densidad (volumétrica o también la densidad de masa o peso específico) de un cuerpo, se define como el cociente entre la masa y el volumen de este cuerpo. Por lo tanto, se puede decir que la densidad mide el grado de concentración de masa en un volumen determinado. El símbolo de la densidad es la letra griega ρ.

Cono pirométrico equivalente.

El método para medir el comportamiento de ablandamiento o fusión de un material refractario, se realiza mediante la prueba de cono pirométrico equivalente (C.P.E).

La refractariedad de las materias primas, mezclas, o productos cerámicos se estima por comparación con mezclas de propiedades conocidas, es decir conoos pirométricos. Los conos pirométricos son registradores "calor-trabajo", es decir que no registran directamente la temperatura, sino una combinación de temperatura y velocidad de calentamiento. Para obtener resultados reproducibles en los ensayos C.P.E. debe adoptarse, por lo tanto, una velocidad de calentamiento normalizada.

El material a ensayar se moldea en un molde metálico para formar un cono idéntico a los conos comerciales patrones. Si el material de ensayo no es plástico, se le adiciona un aglomerante orgánico exento de álcali. Posteriormente se somete el cono a una pre-cocción para darle estabilidad. Cuando se trata de productos, se corta un cono de la forma adecuada. A continuación, se coloca cierto número de conos del material a ensayar alternando con una serie de conos patrones en una placa refractaria, o bien se coloca en el centro de ésta un solo cono de muestra rodeado por conos patrones.

Granulometría.

Es el estudio de la distribución por tamaños de las partículas de un material sólido fraccionado. Para conocer la distribución de tamaños de las partículas que componen una muestra se separan estos mediante tamices. Por lo tanto, el análisis granulométrico es el conjunto de operaciones cuyo fin es determinar la distribución del tamaño de los elementos que componen una muestra.

Plasticidad.

Esta prueba se realiza principalmente a las arcillas, esta propiedad se debe a que el agua forma película sobre las partículas laminares produciendo un efecto lubricante que facilita el deslizamiento de unas partículas sobre otras cuando se ejerce un esfuerzo sobre ellas.

La elevada plasticidad de las arcillas es consecuencia, nuevamente, de su morfología laminar, tamaño de partícula extremadamente pequeño (elevada área superficial) y alta capacidad de hinchamiento.

Generalmente, esta plasticidad puede ser cuantificada mediante la determinación de los índices de Atterberg (Límite Líquido, Límite Plástico y Límite de Retracción). Estos límites marcan una separación arbitraria entre los cuatro estados o modos de comportamiento de un suelo sólido, semisólido, plástico y semilíquido o viscoso (Jiménez y Alpañes 1975).

La relación existente entre el límite líquido y el índice de plasticidad ofrece una gran información sobre la composición granulométrica, comportamiento, naturaleza y calidad de la arcilla. Existe una gran variación entre los límites de Atterberg de diferentes minerales de la arcilla, e incluso para un mismo mineral arcilloso, en función del catión de cambio. En gran parte, esta variación se debe a la diferencia en el tamaño de partícula y al grado de perfección del cristal. En general, cuanto más pequeñas son las partículas y más imperfecta su estructura, más plástico es el material.

Tixotropía.

La tixotropía se define como el fenómeno consistente en la pérdida de resistencia de un coloide, al amasarlo, y su posterior recuperación con el tiempo. Las arcillas tixotrópicas cuando son amasadas se convierten en un verdadero líquido. Si, a continuación, se las deja en reposo recuperan la cohesión, así como el comportamiento sólido. Para que una arcilla tixotrópica muestre este especial comportamiento, deberá poseer un contenido en agua próximo a su límite líquido. Por el contrario, en torno a su límite plástico no existe posibilidad de comportamiento tixotrópico.

Índice de blancura.

La blancura es la cantidad de luz medida, reflejada por un soporte a través del espectro de luz visible. Este valor se obtiene al calcular la cantidad de luz *blanca* - es decir, la suma de longitudes de onda reflejadas del espectro- que la superficie manifiesta. De este modo, el valor es útil para determinar cómo de *blanco* es un soporte, al ser observado por el ojo humano. La medida de la blancura se expresa en porcentaje, en escala del 1-100%, siendo 100% el valor que debería corresponder con un *blanco perfecto*. Existen una gran variedad de equipos para poderlo medirlo.

Absorción de aceite.

Este es una medición que expresa en porcentaje de líquido que puede absorber el carbonato de calcio hasta su punto de saturación. Este número funciona como criterio orientativo para evaluar la superficie especifica de un material; sin embargo, este no es un valor absoluto y preciso; y no ofrece ninguna información predictiva sobre la morfología o granulometría, pero es indispensable para la formulación de pinturas, ya que brinda información sobre la demanda de vehículo utilizado.
 La medición de absorción de aceite se puede hacer por el método de frotado con espátula, descrito en la norma ASTM D 281-2007 y de la cual se extrajo la formula siguiente:

$$Absorción \ de \ aceite: \left(\frac{Peso \ inicial \ aceite - Peso \ final \ aceite}{Peso \ de \ la \ muestra} \right) * 100$$

Resistencia a la abrasión o desgaste de los agregados (prueba de los Ángeles).

En los agregados gruesos, una de las propiedades físicas en las cuales su importancia y su conocimiento es indispensable en el diseño de mezclas, es la resistencia a la abrasión o desgaste de los agregados (Rubinson y Rubinson 2001). Esta prueba es importante, porque con ella se conocerá la durabilidad y la resistencia que tendrá el concreto para la fabricación de losas, estructuras simples o estructuras que requieran que la resistencia del concreto sea la adecuada.
La resistencia a la abrasión, o desgaste de un agregado, es una propiedad que depende principalmente de las características de la roca madre. Este factor cobra

importancia cuando las partículas van a estar sometidas a un roce continuo como es el caso de pisos y pavimentos, para lo cual los agregados que se utilizan deben ser resistentes.

Para determinar la resistencia a la abrasión, se utiliza un método indirecto cuyo procedimiento se encuentra descrito en la Norma Mexicana NMX C-196. Dicho método, más conocido como el de la máquina de los Ángeles, consiste básicamente en colocar una cantidad específica de agregado dentro de un tambor cilíndrico de acero que está montado horizontalmente, el cilindro debe contar con un aspa de tal modo que, se produzca una trituración por impacto y por abrasión. Se añade una carga de bolas de acero y se le aplica un número determinado de revoluciones. El choque entre el agregado y las bolas, da como resultado la abrasión y los efectos se miden por la diferencia entre la masa inicial de la muestra seca y la masa del material desgastado expresándolo como porcentaje de desgaste.

$$Porcentaje\ de\ desgaste = \frac{(Pa - Pb)}{Pa}$$

Dónde:

Pa = es la masa de la muestra seca antes del ensayo (g) Pb = es la masa de la muestra seca después del ensayo, lavada sobre el tamiz 1.6 mm.

POTENCIAL ECONÒMICO DE RECURSOS MINERALES NO METÁLICOS.

El potencial de recursos de minerales no metálicos en el estado de Hidalgo, México, se ha regionalizado con el propósito de poder tener una visión más clara sobre los minerales presentes, así como sus calidades y la comercialización de estos. A continuación, en la figura 3 se presentan las 12 regiones mineras en las que está dividido el estado, así mismo en la tabla 3 se presenta los minerales presentes en cada región.

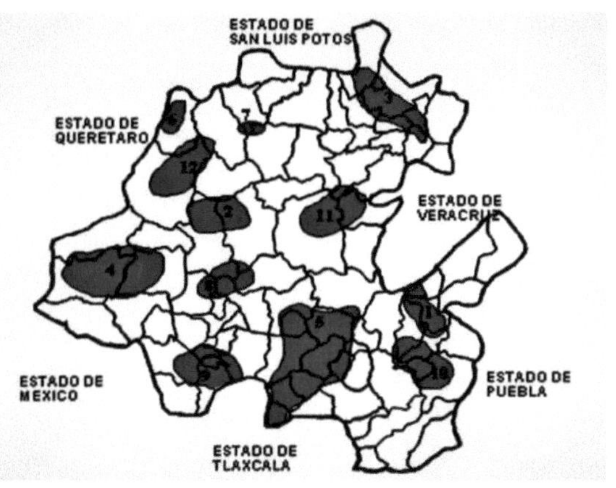

1.- AGUA BLANCA	7.- SAN NICOLAS TOLENTINO
2.- CARDONAL	8.- TEPATEPEC - SAN SALVADOR
3.- HUASTECA	9.- TULA
4.- HUICHAPAN – TECOZAUTLA	10.- TULANCINGO
5.- PACHUCA - ATOTONILCO - ACTOPAN	11.- ZACUALTIPAN
6.- PACULA	12.- ZIMAPAN

Figura 3.Mapa del potencial de recursos minerales no metálicos del estado de Hidalgo.

Tabla 3. Minerales presentes en las diferentes regiones del estado de Hidalgo.

1. Agua Blanca • Caolín • Diatomita • Arcillas • Bentonita • Celestita • barita	
2. Cardonal • Agregados pétreos • Canteras • Mármoles • Arcillas • Travertino • Diatomita • Fluorita • Barita	
• 3. Huasteca • Agregados pétreos • Basalto • Feldespato • Diatomita • Caliza • Berilo • Carbón Bituminoso	

4.Huichapan-Tecozautla • Agregados pétreos • Pómez, • Cantera • Tezontle • Pumicita • Caolín • Arcilla • Carbonato de calcio • Caliza • Calcita óptica	
5.Pachuca-Atotonilco-Actopan • Agregados • Feldespatos • Canteras • Tezontle • Arcillas • Pómez • Obsidiana	
6. Pacula • Fosforita • Agregados • Dolomita • Caliza	

7. San Nicolás Tolentino • Mármol • Yeso	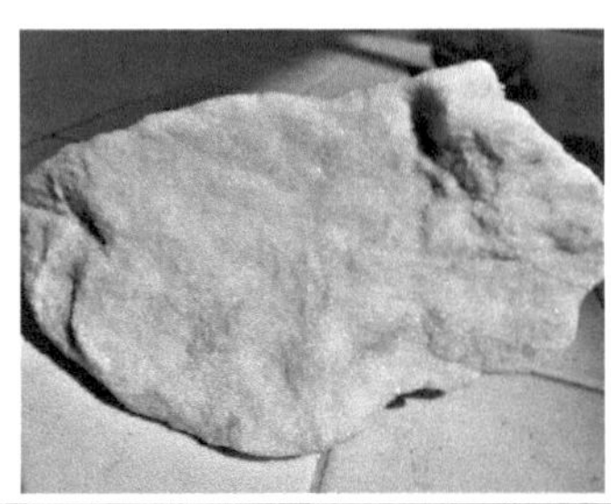
8. Tepatepec-San Salvador • Caliza • Calcita • Dolomita • Agregados • Bentonita • Tezontle • Diatomita	
9. Tula • Agregados • Pómez • Caliza • Caolín • Arcillas • Dolomita • Puzolana • Travertino • Perlita	
10. Tulancingo • Agregados pétreos • Pómez • Tezontle • Pumicita • Feldespato • Caolín • Arcillas • Barita	

11. Zacualtipán • Agregados • Caolín • Obsidiana • Alumbre • Arcillas • Perlita • Xenotima	
12. Zimapán • Mármol • Caliza • Agregados pétreos • Ópalo • Granate • Perlita • Cantera • Conglomerados • Wollastonita • Zeolita • Arena sílica	

A continuación de describirán los minerales más importantes de cada región cons características y posibles usos.

1. Región de Agua Blanca

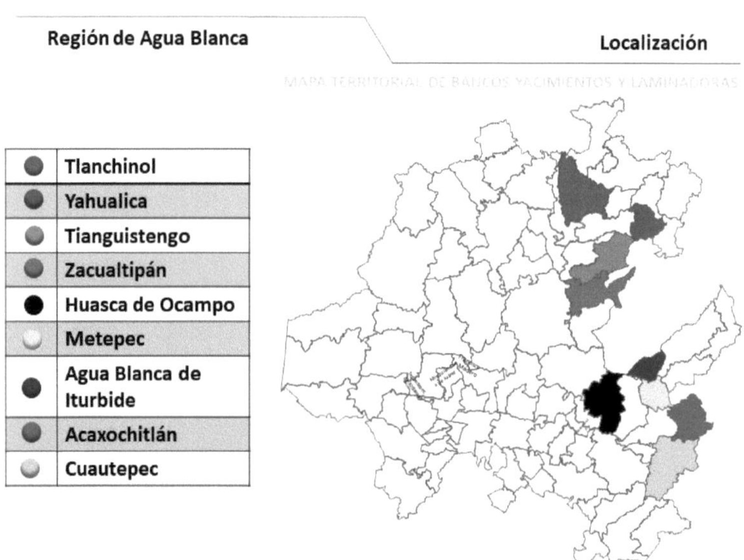

Figura 4. Mapa del estado de Hidalgo con la ubicación de los principales
Municipios de la región de Agua Blanca, Hidalgo.

Está ubicada en el extremo sureste del estado, hacia los límites con el estado de
Veracruz. Esta región se caracteriza por su gran importancia en depósitos de
arcillas (caolín, diatomita, arcillas), destacando principalmente la explotación y
procesamiento del caolín, con depósitos que se encuentran localizados en lo que
se conoce como la zona caolinifera de Agua Blanca - Huayacocotla;
perteneciendo el primero al estado de Hidalgo y el segundo al estado de Veracruz.
Dentro del estado de Hidalgo, el caolín se encuentra en los municipios de
Cuautepec, Acaxochitlán, Metepec, Agua Blanca, Huasca, Zacualtipán,
Tianguistengo, Yahualica y Tlanchinol. En esta región, existen grandes
yacimientos de caolín, bentonita, diatomita, barita, pizarra, además de
yacimientos de celestita (sulfato de estroncio) y grandes volúmenes de arcillas
pesadas, dicha región se muestra en la figura 4.

Caolín.

Es un silicato de aluminio hidratado, se forma a partir de los feldespatos por procesos de alteración hidrotermal y meteórica, es una arcilla donde predomina el mineral caolinita; cuya composición química general es $Al_2Si_2O_5(OH)_4$. Se trata de un mineral de tipo silicato estratificado, con una lámina de tetraedros unida a través de átomos de oxígeno en una lámina de octaedros de alúmina (SE, 2022). Su peso específico es de 2.6; su dureza es 2; puede tener diversos colores debido a las impurezas que contiene, pero preferentemente es blanco; brillo generalmente terroso mate; es higroscópico (absorbe agua) y su plasticidad es de baja a moderada. Otras propiedades importantes son su blancura, su inercia ante agentes químicos, es inodoro, aislante eléctrico, moldeable y de fácil extrusión; resiste altas temperaturas, no es tóxico ni abrasivo y tiene elevada refractariedad y facilidad de dispersión. Es compacto, suave al tacto y difícilmente fusible. Tiene gran poder cubriente y absorbente, y baja viscosidad en altos porcentajes de sólidos (CIMMGM-FIFOMI, 2022).

La figura 5, muestra un yacimiento en explotación del caolín y la correspondiente planta de procesamiento.

Figura 5. Explotación y procesamiento de caolín.

Por otra parte, el caolín que se extrae en esta región es procesado en su mayoría en las plantas ubicadas en la comunidad de Santa Ana Hueyotilpan, Municipio de Tulancingo, Hidalgo. Esto es debido a las condiciones climatológicas, localizandóse alrededor de 32 plantas de procesamiento en la región.

El caolín de esta zona, presenta diferentes calidades que se pueden describir a continuación en la tabla 2.

Tabla 4. Análisis químico promedio de los caolines de la región de Agua Blanca

	Tipo de caolín		
	Plástico	Silícico	Arenoso
Elemento		% en peso	
SiO_2	52.3	49.51	51.80
Al_2O_3	44.6	41.77	39.97
Na_2	0.1-0.2	0.0-0.1	0.26
TiO_2	1.7-1.9	1.33	1.22
CaO	0.03	0.04	0.68
Fe_2O_3	0.5-0.8	0.5-0.8	0.18
MgO	0.04	0.78	0.44
K_2O	1-0.2	1.56	3.01
S	0.5	0.5	0.44

En base a las propiedades y calidades del caolín, este mineral puede ser utilizado para diferentes ramas industriales A continuación, se presentan en la Tabla 3, los usos por sector industrial en base a su composición química.

Tabla 5.Especificaciones del caolín por uso industrial.

Substancia	INDUSTRIA							
Formula	Papel	Cerámica	Refractaria	Cemento	Pintura	Hule	Fertilizantes	Farmacéutica
SiO_2	45 - 47	45 - 50	50 - 60	69 - 70	42 - 43	44 - 46	5 1- 53	51 - 53
Al_2O_2	37 - 40	34 - 39	26 - 39	10 - 17	32- 33	37 - 39	42 - 45	42 - 45
Fe_2O_3	0.10 – 0.60	0.20 – 0.90	0.90 – 1.03	0.2 – 1.06	0.30 – 0.35	2.0 – 2.0	TRAZAS	TRAZAS
TiO_2	0.10 – 1.60	0.10 – 1.50	0.00 – 1.50	0.22 – 1.90	1.44 – 1.47	1.0 – 1.5	1.5 – 2.5	1.8 – 2.8
K_2O	0.00 – 0.10	0.00 – 3.00	0.00 – 3.00	-	1.60 – 1.88	-	TRAZAS	TRAZAS
CaO	0.10 – 1.50	0.00 – 0.50	0.50	-	-	-	TRAZAS	TRAZAS
Na_2O	0.00 – 1.15	0.00 – 0.50	0.50 – 0.64	-	0.38 – 0.43	-	TRAZAS	TRAZAS
MgO	0.00 – 0.14	0.00 – 0.30	.030	0.40 – 0.94	0.15 – 0.90	-	TRAZAS	TRAZAS
Cu	-	-	-	-	-	0.0025	-	-
Mn	-	-	-	-	-	0.0025	-	-
Perdidas Por Calcinación	-	10.0 – 11.0	-	10.0 – 11.0	-	13.0 – 15.0	-	-

Por otra parte, como todo sector productivo este también presenta ciertas dificultades, por lo cual se presenta en la siguiente tabla (Tabla 6), el Análisis FODA del Caolín.

Tabla 6. Análisis FODA del sector Caolinero.

Fortalezas	Debilidades	Oportunidades	Amenazas
<ul><li>Presencia nacional e internacional</li><li>Variedad de calidades</li><li>Ubicación en zonas especificas</li><li>No requiere de inversiones fuertes en exploración</li><li>Suficientes reservas</li><li>Principales materias primas para el desarrollo de cadenas productivas</li><li>Sensibilidad a la capacitación</li><li>Mercado de la Ciudad de México y zona conurbada</li><li>Vocación de la actividad</li><li>Grandes volúmenes de producción</li><li>Cuentan con infraestructura minera y de procesamiento</li><li>Empresas Procesadoras bien establecidas</li><li>Diversidad de mercados consumidores</li></ul>	<ul><li>Baja posibilidad de acceso al crédito</li><li>Canales de distribución y comercialización inapropiados</li><li>Falta de integración del sector</li><li>Alto % pertenece al sector social</li><li>Equipo obsoleto e inseguro</li><li>Falta de organización</li><li>Capital de trabajo insuficiente</li><li>Abastecimiento por grupos ejidales</li><li>Falta visión empresaria</li><li>Falta organización administrativa</li><li>Falta tecnología</li><li>Condiciones climáticas desfavorables</li><li>Desconocimiento de potencial y calidades del mineral</li><li>No se encuentran regularizados en la normatividad aplicable a la minería</li><li>Falta de aplicación de técnicas de minado</li><li>Altos costos de producción</li><li>Se vende sin especificaciones</li><li>Desconocimiento de los usos del caolín (explotadores)</li></ul>	<ul><li>Desarrollo de infraestructura carretera</li><li>Variación en el tipo de cambio</li><li>Accesos a mercados internacionales (tratados de libre comercio)</li><li>Organizados pueden participar en economía de escala</li><li>Acceso a Mercados en Latinoamérica</li><li>Creación de la nueva cementera de Lafarge</li><li>Certificación de procesos</li><li>Apoyo de las instituciones educativas de nivel superior</li></ul>	<ul><li>Migración de trabajadores</li><li>Competencia desleal entre las empresas de los estados de Veracruz e Hidalgo</li><li>Apatía de los productores</li><li>Afectación del entorno económico</li><li>Falta de regulación ambiental</li><li>Explotación subterránea por inversionistas exteriores</li><li>Desplazamiento de grandes grupos empresariales</li><li>Desconocimiento de normas de calidad</li></ul>

Bentonita.

El yacimiento de bentonita de esta región, se localiza en el ejido de Rosa de Castilla, en el municipio de Agua Blanca, Hidalgo, el cual no ha sido cuantificado. Sin embargo, se ha determinado su composición química, la cual presenta 73.409% de SiO_2, 14.1% de Al_2O_3, 2.604% de Fe2O3, 3.11% de CaO, 2.71% de MgO, 2.66% de Na_2O, 1.32% de K_2O y 0.37% de TiO_2.

Pizarra.

Es una roca metamórfica de bajo grado, que se compone principalmente de cuarzo y filosilicatos (moscovita, clorita, illita y sericita), densa, y de grano fino. La principal característica de la pizarra es su división en finas láminas o capas. Suele ser de color negro azulado o negro grisáceo, pero existen variedades rojas, verdes y otros tonos. Debido a su impermeabilidad, la pizarra se utiliza en la construcción de tejados, como piedra de pavimentación e incluso para fabricación de elementos decorativos.

El potencial en reservas de la pizarra localizada en esta región, no ha sido cuantificado, sin embargo se ha determinado su composición química para evaluar su calidad. La composición promedio de la pizarra es la siguiente: 54.86 % de SiO_2, 23.25% de Al_2O_3, 9.95% de Fe_2O_3, 0.54% de CaO, 3.57% de MgO, 1.25% de Na_2O, 4.81% de K_2O, 1.52% de TiO_2, 0.08% de MnO, 0.26% de P_2O_5 y 6.8% de pérdidas por calcinación (PXC).

Celestita.

Es un sulfato de estroncio Sr (SO_4) con peso específico de 3.9 a 4.0; dureza de 3.0 a 3.5 en la escala de Mohs; su color es ligeramente azul, puede ser blanco, amarillo y raras veces verde o rojizo, produce alta fuerza coercitiva y resistividad térmica y eléctrica y produce una flama roja brillante única al quemado (Brian, 1983).

El yacimiento de celestita está localizado en la localidad de *Ferrería de Apulco*, Municipio de Metepec, Hidalgo. En este yacimiento, no se han cuantificado reservas y su composición química es la siguiente: 48.7 % Sr; 34.84 % O y 16.46 % SiO_2, Así mismo se presenta en la figura 6 una muestra de este mineral.

Figura 6. Muestra de Celestita de la Región de Apulco Hidalgo

2. Región Cardonal.

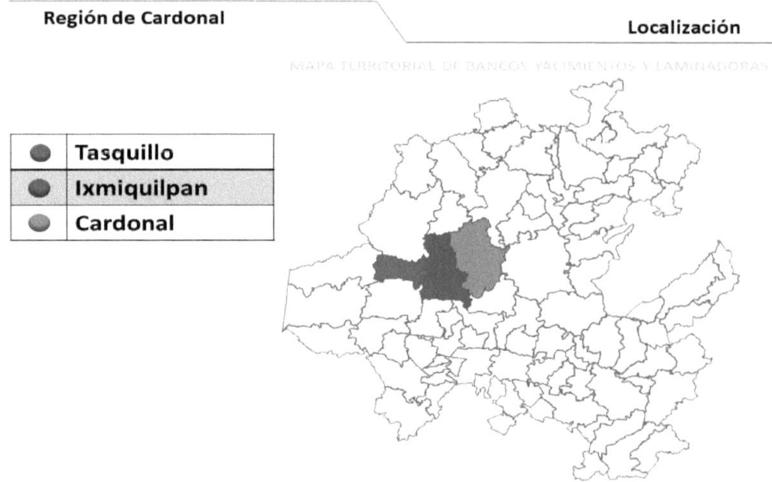

Figura 7. Mapa del estado de Hidalgo con la ubicación de los principales Municipios de la región el Cardonal, Hidalgo.

Se encuentra ubicada a 18 kilómetros al noreste de la población de Ixmiquilpan, abarcando parte de los Municipios de El Cardonal, Tasquillo e Ixmiquilpan como se observa en la figura 6, y se caracteriza por la presencia de yacimientos de diatomita, calizas de buena calidad, tierra Fuller y fluorita; este último mineral asociado a una mineralización de plomo-zinc.

Esta región ha sido muy importante desde 1920, cuando tuvo lugar un destacado desarrollo minero de fluorita, también agregados pétreos, canteras, calizas, mármoles, arcillas, travertino, diatomita, fluorita, y barita., por su parte, se extraen y procesan los agregados pétreos de esta región en la comunidad del Sauz, Municipio del Cardonal, el cual tiene un potencial preliminar de 152,000,000 T.M. con una composición química promedio, la cual es la siguiente: 0.3 % SiO_2; 0.60 % Al_2O_3; 0.11 % Fe_2O_3; 94.06 % $CaCO_3$; 0.29 % MgO; 0.2 % Na_2O; 0.13 % K_2O; 42.73 & PXC.

Mármol Travertino.

El yacimiento de mármol travertino se localiza en la comunidad de San Cristóbal, Municipio del Cardonal el cual tiene unas dimensiones de aproximadamente de 90 x 35 x 25 m y actualmente se encuentra en explotación. La composición química correspondiente de este material es: 0.42 % SiO_2; 0.26 % Al_2O_3; 0.13 % Fe_2O_3; 97.87 % $CaCO_3$; 0.70 % MgO; 0.20 % Na_2O; 0.42 % K_2O.

Así mismo, el subproducto de la explotación de este material es comercializado para el procesamiento de carbonato de calcio, aprovechando su calidad.

En la figura 8, se observa la pared del banco en explotación del mármol Travertino.

Figura 8. Banco en explotación de mármol Travertino, donde se observan las medias cañas de los barrenos.

Diatomita.

El yacimiento de diatomita se encuentra ubicado en la comunidad de Orizabita, Municipio de Ixmiquilpan, Hidalgo, actualmente se encuentra detenida su explotación, sus reservas no han sido cuantificadas actualmente ya que este fue un yacimiento explotado por más de 15 años. Su composición química es la siguiente: 76.0 % SiO_2; 11.63 % Al_2O_3; 1.95 % Fe_2O_3; 0.85 % CaO; 1.79 % MgO; 0.61 % Na_2O; 2.41 % K_2O.

En la figura 9. Se observa una muestra de Diatomita de la Región de la Comunidad de Orizabita.

Figura 9. Muestra de Diatomita.

Tierras Fuller.

El yacimiento de tierra Fuller se localiza en el Municipio de Tasquillo, Hidalgo, el cual no ha sido cuantificado en reservas, y cuya composición es la siguiente: 53.42 % SiO_2; 10.06 % Al_2O_3; 3.05 % Fe_2O_3; 1.29 % CaO; 9.10 % MgO; 0.53 % Na_2O; 0.80 % K_2O; 0.52 % TiO_2, Cuya muestra, se muestra en la figura 10.

Figura 10. Muestra de Tierras Fuller.

Fluorita.

El yacimiento de fluorita se localiza en el Municipio del Cardonal, Hidalgo., dicho yacimiento fue explotado en los años 70´s, actualmente ya no se explotan las reservas, y aún no se han cuantificado. Tiene una composición química de 48.27% F, y 51.73 % Ca, siendo una fluorita de buena calidad, tal como se ve en la figura 11.

Figura 11. Fluorita de la Región del Cardonal, Hidalgo.

3. **Región de la Huasteca**.

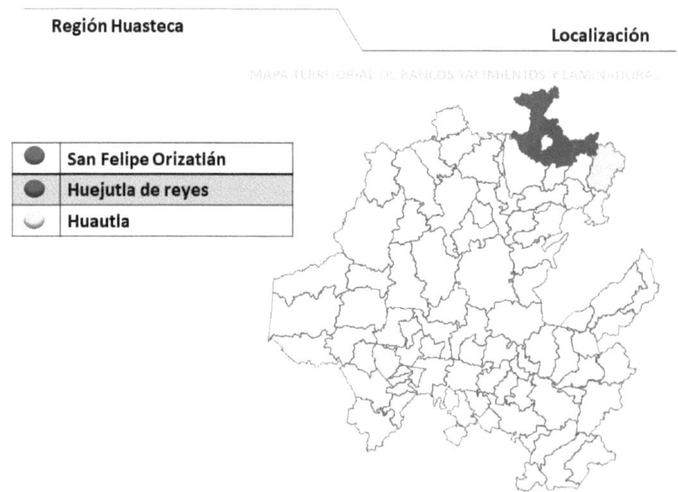

Figura 12. Mapa del estado de Hidalgo con la ubicación de los principales Municipios de la región de la Huasteca.

Carbón bituminoso.

El carbón bituminoso, es un tipo de carbón que contiene una sustancia similar al alquitrán llamada betún o asfalto. Su coloración puede ser negra o a veces parda oscura; es duro pero friable. Su calidad es superior a la del lignito y al carbón sub-bituminoso, pero inferior a la de la antracita. El carbón bituminoso de esta región tiene una composición de aproximadamente 59 % carbono, 6.5 % hidrógeno, 31 % oxígeno, 1,7 % nitrógeno y 1,8 % de azufre.

Agregados pétreos.

Los agregados pétreos de esta región son explotados a los márgenes de los ríos, tal es el caso de los que se explotan en el Municipio de Huautla, Hidalgo, los cuales son de origen calcáreo. Sus propiedades físicas se presentan en la tabla 7, mientras su composición química que presenta es la siguiente: 1.77 % SiO_2; 1.59 % Al_2O_3; 1.86 % Fe_2O_3; 92.68 % CaO; 3.18 % MgO; 0.39 % Na_2O; 0.13 % K_2O; 0.39 % TiO_2.

Tabla 7. Propiedades físicas del agregado pétreo.

Mineral	caliza
Color	Grisácea
Dureza Mohos	3
Brillo	Vítreo
Densidad	2.56 g/mc^3

Berilo.

El berilo es un ciclosilicato de berilio y aluminio con fórmula química $Be_3Al_2(SiO_3)_6$. Los cristales hexagonales de berilo pueden ser muy pequeños o alcanzar un tamaño de varios metros. Este mineral se localizado en el municipio de Chapulhuacan, Hidalgo, el potencial no ha sido cuantificado, solo se tiene un análisis químico que contiene 15% BeO, 19% Al_2O_3 y 66% SiO_2. En la figura 13, se observan los berilos de esta zona.

Figura 13. Berilos de la zona de Chapulhuacán, Hidalgo.

4. Huichapan-Tecozautla.

Se localiza en la parte occidental de la entidad, precisamente ocupando gran parte de los municipios de Huichapan, Tecozautla, Chapantongo, Nopala y Alfajayucan, como se observa en la figura 14.

Los afloramientos de canteras, que corresponden a las tobas piroclásticas originadas por las explosiones de la caldera de Huichapan, son materiales muy preciados en la industria de la construcción por su colorido y consistencia. En esa región se ha desarrollado una gran cantidad de explotaciones de cantera que abastecen a los mercados regionales y en buena escala a los internacionales.

Estas mismas rocas, al ser afectadas por la alteración hidrotermal (fluidos calientes provenientes del interior de la corteza terrestre), han dado origen a una serie de depósitos de caolín y arcillas que son aprovechados a baja escala para distintos usos. También existen yacimientos de mármol negro tipo Huichapan muy apreciados en la industria de la construcción y calizas con adecuada calidad para la fabricación de cal y cemento, así como calcitas ópticas en el Municipio de Nopala, Hidalgo.

La región de Huichapan-Tecozautla, es una de las más importante en producción de toba volcánica (cantera) laminada a nivel nacional, posesionando al Estado de Hidalgo en un lugar de suma importancia en la industria de la cantera en México.

Es importante hacer mención que la cantera es el termino coloquial para identificar material volcánico principalmente del tipo de toba volcánica soldada igninmbritica, debido a que presenta diversos niveles de soldamiento y la composición química cambia, por ello proporciona una gran diversidad de colores con aplicaciones diferentes. Un factor determinante es la ubicación del estado de Hidalgo como parte del cinturón volcánico Transmexicano que proporciona una gran variedad de aparatos volcánicos que generaron este tipo de material incluyendo calderas como la ubicada en Huichapan, Hidalgo.

Ya sea por sus importantes yacimientos con diferentes tonalidades y texturas, o por su magnífica mano de obra que elabora de manera artesanal cada pieza,los principales Municipios que tienen actividad son: Huichapan, Mineral del Monte, Tecozautla, Alfajayucan, Chapantongo, Mineral de la Reforma e Ixmiquilpan.

La aplicación de este producto es principalmente para la industria de la construcción y su destino es el mercado interno del país, así como, mercados externos tales como E.U. Japón, Alemania, Canadá etcétera (Salinas et al 2011).

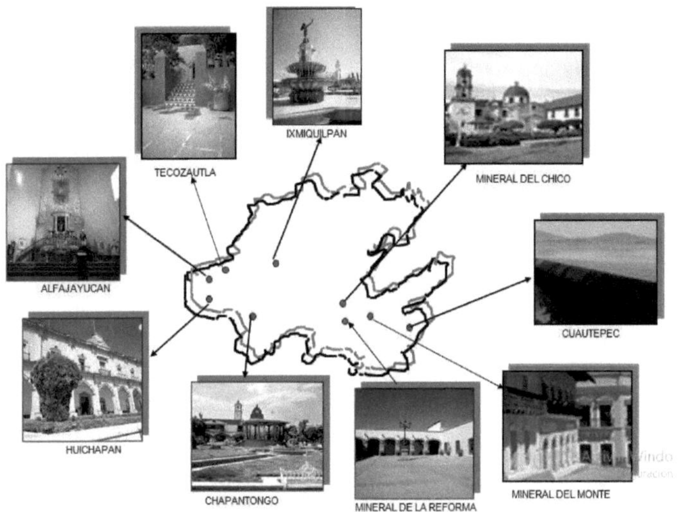

Figura 15. Se presentan los principales municipios productores de cantera.

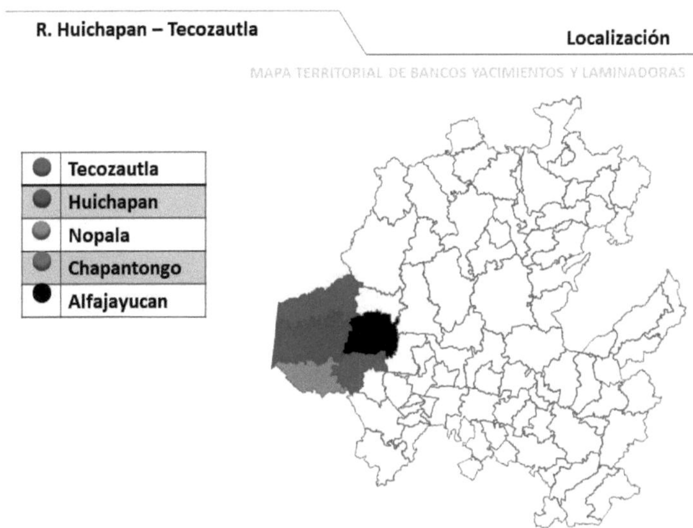

Figura 14. Mapa del estado de Hidalgo con la ubicación de los principales Municipios productores de cantera en Hidalgo.

Por otra parte, destaca por su calidad y belleza, la cantera de Teozantla ubicada en Mineral del Monte, Hidalgo, conocida en los mercados como "blanco Pachuca", cuyos yacimientos están localizados en el Municipio de Mineral del Monte y en el Municipio de la Reforma. Localmente, esta cantera es vendida en bloques para ser laminada y en padecería para bardas y cimentación, es decir, sin valor agregado.

Con cantera de Teozantla, que es la más antigua en cuanto a su explotación (más de 100 años), se ha construido y se sigue construyendo gran variedad de edificios, entre los que podemos citar: en la ciudad de Pachuca, el edificio del reloj monumental, el edificio del museo de minería, el edificio de Bancomer sucursal centro, casas antiguas del centro histórico, el teatro San Francisco, la iglesia de la Villita, el hospital del IMSS zona no.1, así como kioscos, fuentes y pisos de varias plazas y plazuelas, ubicadas en Hidalgo y en el interior de la República Mexicana. En la Ciudad de México, el edificio del correo mayor y el edificio del banco de México, además de un gran número de obras antiguas y modernas.

Lo anterior no hace menos importantes a las canteras de Huichapan, Alfajayucan y Tecozautla, famosas por su gran variedad de tonalidades y características fisicoquímicas, lo que las ha llevado también a la conquista de los mercados nacionales e internacionales.

Las canteras hidalguenses han logrado colocarse en los mercados nacionales e internacionales, prácticamente sin utilizar la mercadotecnia; su fama ha trascendido por comunicación directa y gracias a la preferencia que tradicionalmente han tenido por ellas los constructores que las han venido utilizando y recomendando.

CARACTERISTICAS GENERALES DE LAS CANTERAS HIDALGUENSES.

Son rocas suaves, generalmente masivas (fáciles de rayar) y adoptan diversos colores, como el blanco, rosa, naranja, rojo, gris y tonalidades intermedias, que van desde claras hasta obscuras o viceversa, como se observa en la figura 16.

Figura 16. Tonalidades de la cantera del estado de Hidalgo.

MÉTODOS DE EXPLOTACIÓN DE LOS DEPÓSITOS DE CANTERA

En la tabla 8, se presenta los diferentes sistemas de explotación de cantera o toba volcánica utilizados en estas Regiones, los cuales van desde el más rudimentario hasta el uso de cemento expansivo e hilo diamantado, como se pueden observar en la figura 17.

Tabla 8.Se presentan los diferentes métodos de explotación de cantera.

MÉTODO	VENTAJAS	DESVENTAJAS
Cemento expansivo	Cortes precisos. Poco desecho. No emana gas. No produce residuos nocivos. Alta productividad. Es silencioso. No es explosivo, la fractura se realiza por simple expansión.	Tiempo de suministro. Si no se realiza adecuadamente la preparación puede ocasionar accidentes.
Corte al chorro de agua a alta presión	Menos emisiones de polvo y ruido. No genera vibraciones. Alta velocidad del corte. Bloques más perfectos. Poco desecho.	Almacenamiento y recirculación de agua. Bombas de alto caballaje. Mayor consumo de energía.
Hilo diamantado	Cortes precisos y exactos. Rapidez. Alta productividad. Poco desecho. Longitud y profundidad de corte de hasta 6 m. Manejo sencillo. Es un método moderno.	Es costoso. Previa preparación de mina.

Hilo helicoidal	Cortes precisos. Poco desecho. Longitud y profundidad de corte de hasta 4 m. Alta productividad.	Previa preparación de mina. Es un método antiguo.
Cortadoras y rozadoras	Mejor utilización en túneles o canteras a cielo abierto con gran extensión horizontal. Excelente rendimiento en unión con hilo diamantado.	Desgaste en el equipo. Tiene poca profundidad de corte. Emisiones fuertes de ruido. Se necesitan frentes anchas.
Extracción manual	No requieren de equipos sofisticados.	Baja productividad. Alto porcentaje de desechos. Bloques irregulares. Castigo en la comercialización de bloques (de 2 a 3%, costo del bloque).

Figura 17.Sistemas de explotación de la cantera hidalguense a) depósito de cantera blanca de Teozantla, Hidalgo, b) hilo diamantado, c) cortadora de disco, d) cemento expansivo, e) explotación manual.

USOS

Las canteras se utilizan en la fabricación de piezas labradas ornamentales para la industria de la construcción, entre las que podemos considerar a las columnas, escaleras, mesas, chimeneas, cocinas integrales, fachadas, capiteles, cornisa de ventanas, fuentes, lapidas para criptas, bloques, losetas y parques para pisos y fachadas de edificios, construcciones y plazuelas; estatuas, figurillas, pedestales de lámparas, monumentos, etc, como se puede observar en la figura 18.

Figura 18. a) piezas ornamentales, b) molduras, C) columnas d), chimeneas, e) puertas, f) cocinas, g) baños, h) molduras. (Fuente: Productos de cantera S.A. de C:V).

Análisis FODA de la industria cantera en Hidalgo.

Como en cualquier industria minera siempre existen nichos de oportunidad para el aprovechamiento de estos recursos, por lo cual en la tabla 9. Se presenta el análisis FODA de la industria cantera.

Tabla 9.Análisis FODA de la industria cantera en Hidalgo.

Fortalezas	Debilidades	Oportunidades	Amenazas
• Presencia nacional e internacional • Variedad de tonalidades con calidad • Ubicación en zonas especificas • No requiere de inversiones fuertes en exploración • Suficientes reservas • Principales materias primas para el sector construcción • Sensibilidad a la capacitación • Mercado del D.F. y zona conturbada • Vocación de la actividad • Se cuenta con una asociación de cantereros • Grandes volúmenes de producción • Cuentan con infraestructura minera y de procesamiento • Empresas bien establecidas	• Baja posibilidad de acceso al crédito • Canales de distribución y comercialización inapropiados • Falta de integración del sector • Alto % pertenece al sector social • Equipo obsoleto e inseguro • Falta de organización • Capital de trabajo insuficiente • Falta de seriedad de los grupos sociales • Abastecimiento por grupos ejidales • Falta infraestructura / desarrollo de bancos • Obsolescencia de equipo • Falta visión empresaria • La mayoría no tiene acceso al financiamiento • Falta organización administrativa • Falta tecnología	• Plan nacional de vivienda • Desarrollo de infraestructura carretera • Variación en el tipo de cambio • Accesos a mercados internacionales (tratados de libre comercio) • Organizados pueden participar en economía de escala	• Migración de trabajadores • Competencia desleal • Apatía de los productores • Afectación del entorno económico • Desplazamiento por grandes empresas • Falta de regulación en el uso, manejo y almacenamiento de material explosivo

Calcitas ópticas.

Este yacimiento se localiza en el municipio de Nopala de Villagrán, Hidalgo, el cual no ha sido cuantificado en sus reservas. Este yacimiento tiene una composición promedio la cual presenta 0.27 % SiO_2; 1.09% Al_2O_3; 0.88% Fe_2O_3; 96.88 % CaO; 2.16% MgO; 0.29 % Na_2O; 0.13 % K_2O; 0.29 % TiO.

Caolín

Este yacimiento se localiza en el municipio de Tecozautla, Hidalgo, e igualmente no ha sido cuantificado en sus reservas. Este yacimiento tiene la siguiente composición promedio: 51.95 % de SiO_2; 41.97 % Al_2O_3; 0.88 % Fe_2O_3; 0.53 % CaO; 2.16 % MgO; 0.19 % Na_2O; 1.01 % K_2O; 1.29 % TiO_2, presentando una buena transparencia como se aprecia en la figura 19.

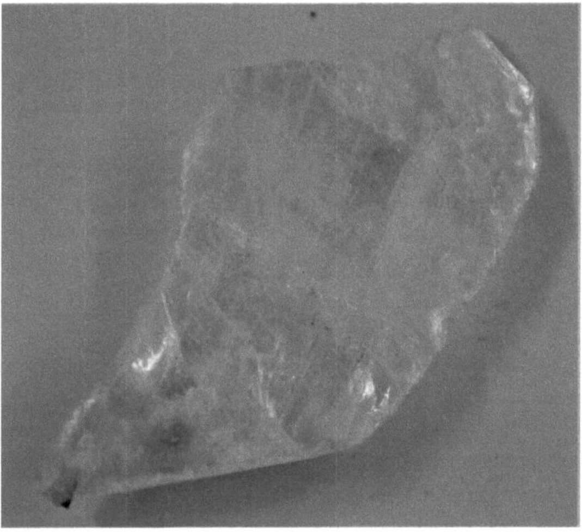

Figura 19. Muestra de Calcita óptica del Municipio de Nopala, Hidalgo.

Mármol negro

El yacimiento de mármol se encuentra ubicado en San Antonio Tezoquipan en el municipio de Alfajayucan, Hidalgo, es de característico tono negro con marcadas vetas blancas de calcita con lo que se tiene un recurso potencial de 225,000 m^3 (SGM,1995). En la figura 20, se observa el yacimiento de mármol así como una pieza de mármol ya laminado.

Composición química es la siguiente 0.30% de Na$_2$O, 0.90% de MgO, 0.52% de K$_2$O, 97.37% de TiO$_2$, 0.00% de Fe$_2$O$_3$, 0.13% de Al$_2$O$_3$, 0.26% SiO$_2$.

Figura 20. Mina de mármol negro y pieza de mármol laminado.

Caliza.

La caliza de esta región, en su mayoría es explotada y procesada como agregado pétreo para la industria cementera (figura 21), el análisis químico promedio es 0.95 % de SiO$_2$; 0.20 % Al$_2$O$_3$; 0.09 % Fe$_2$O$_3$; 94.6 % CaCO$_3$; 1.68 % MgO; 0.19 % Na$_2$O; 1.01 % K$_2$O; 0.29 % TiO$_2$.

Las pruebas de calcinación para este mineral, registraron alta reactividad por lo que puede ser aplicada en la construcción, como cal hidratada, hidráulica y cal viva, en la industria del vidrio, en la industria cementera y de fertilizantes; así como, en la estabilización de materiales para pavimentos de acuerdo a N-CTM-4-03-001/02; superando las especificaciones químicas para estas aplicaciones.

Figura 21. Mina de caliza en San Antonio Tezoquipan, Hidalgo.

Agregados pétreos.

Existen aproximadamente 20 bancos productores de agregados pétreos tanto de origen sedimentario como volcánico. Entre ellos, se tienen a: Yonthé Grande, (Arena), San Francisco, (Grava y arena), Unidad Socioeconómica Ejidal Jonacapa, (Grava y arena) Yonthé Grande 1, Mina El Bermejo, Mina Cerro Colorado, La Nopalera, Nuxhi, el Espíritu I, Xamage I, La Piedad, San Pablo, San Pedro La Paz I, El Astillero, Cerro Las Liras, Toxthe, Chapantongo, El Cajón, Banco Boye, Banco La Cruz, entre otros.

Cabe destacar que en estos bancos aún no se han realizado las pruebas de abrasibidad correspondientes. Así mismo, el procesamiento de estos materiales se realiza con plantas de trituración y en los peores casos con clasificadores por gravedad (chorriaderos) (figura 22), por lo cual la calidad del material no es muy buena con este último método.

Figura 22. a) Planta de trituración de la unidad Socioeconómica Ejidal Jonacapa, SPR. b) clasificador por gravedad en el banco Yonthé Grande.

Arcillas.

Actualmente se tienen siete bancos en explotación de arcillas (lutitas) de las cuales, cinco son explotadas por la cementera CEMEX (figura 23).

Figura 23. Banco de arcillas de la empresa CEMEX.

5. Región Pachuca-Atotonilco-Actopan.

Esta región está ubicada en la porción sur-central del estado, abarcando los Municipios de Actopan, Atotonilco el Grande, Mineral del Monte, El Arenal, Mineral del Chico, Epazoyucan, Omitlán, San Agustín Tlaxiaca, Pachuca, Mineral de la Reforma, Tepeapulco, Emiliano Zapata, Apan, Almoloya, Villa de Tezontepec y Zempoala como se observa en la figura 24. En estos Municipios. se localizan grandes depósitos de rocas ígneas volcánicas, sobre las cuales han actuado los efectos del intemperismo, dando lugar a los diferentes materiales derivados, de tal forma que en esta región se explotan arcillas, canteras, agregados pétreos naturales para la construcción, obsidiana, tezontle, piedra pómez, material feldespático, serpentina, fluorita y bentonita.

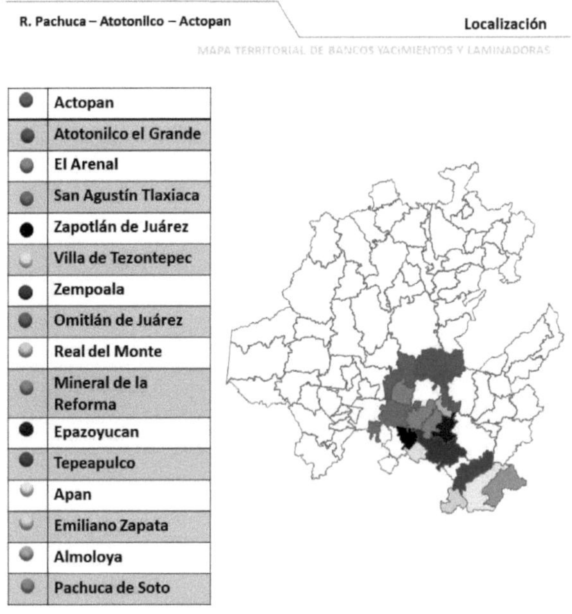

Figura 24. Mapa del estado de Hidalgo con la ubicación de los principales Municipios de la región Pachuca-Atotonilco-Actopan Hidalgo.

Estos materiales actualmente son explotados por particulares y por varias unidades de producción ejidal y comunal, cuyos volúmenes están en función de las variaciones del mercado y de los medios operativos con que se cuenta en cada caso.

Agregados pétreos.

Por lo que respecta a la producción de agregados pétreos, esta región se considera la más importante del centro del país, ya que sus productos son comercializados en los estados de Tlaxcala, Puebla, Querétaro, Ciudad de México, Estado de México, San Luis Potosí, Veracruz e Hidalgo, principalmente.

Destacando que los agregados que se producen en esta zona son agregados naturales por lo tanto no se requiere del uso, manejo y almacenaje de explosivos para su explotación, de este modo el conglomerado andesítico, riolitico y basáltico se ataca con un tractor equipado con riper, lo que permite desgajar el terreno para que posteriormente se haga el corte con la cuchilla del tractor y apilar el material, tal como se observa en la figura 25.

Figura 25. Bancos de explotación de agregados andesiticos y rioliticos.

Los principales productos que se obtiene son:
Producto:
        Grava de – 2" @ + 1½".
        Grava de - 1½" @ + ¾"
        Sello de - ½" @ + ⅜"
        Arena de - ¼" @ finos.
        Sobre tamaño de + 2" @ ± 6".

Piedra para mampostería.
Balaustro.

Cabe destacar que los agregados producidos en el estado de Hidalgo, son procesados a partir de minerales ígneos tales como la riolita, el basalto, la andesita, y el tezontle. A continuación, se presentan las características de los agregados según el tipo de yacimiento.

Agregado pétreo a partir de riolita.

La composición química promedio del material riolitico localizado en el cerro del Jihuingo, en la región de Tepeapulco, Hidalgo, es de 73.97 % de SiO2; 13.46% Al2O3; 2.50% Fe2O3; 1.14% CaO; 0.40% MgO; 3.60% Na2O; 4.38% K2O; 0.15% TiO2. Así mismo en la figura 26 se presenta la morfología de la riolita.

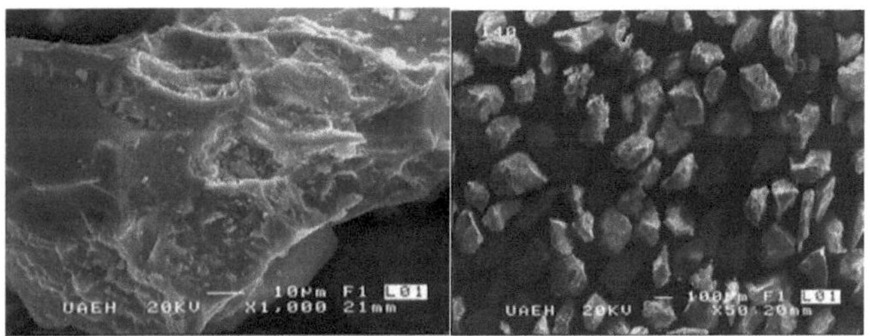

Figura 26. Micrografías de la muestra de Riolita.

Agregados pétreos a partir de Andesita.

La composición química promedio del material andesitico localizado en el cerro de los Pitos, en los Municipios de Villa Tezontepec y Zempoala, Hidalgo, es de 69.73 % de SiO$_2$; 16.66% Al$_2$O$_3$; 4.23 % Fe$_2$O$_3$; 3.09% CaO; 2.38% MgO; 2.63% Na$_2$O; 1.16% K$_2$O; 0.48% TiO2. así mismo en la figura 22 se aprecia la morfología de la andesita.

En la figura 27, se observan las partículas de los agregados pétreos, los cuales son de forma semiesférica, no se observan partículas alargadas o lajeadas, por lo que este material reúne características de esfericidad requeridas en la forma de la partícula para su uso como agregado pétreo ya que lo que se busca es tener un material lo más esférico posible para tener un mejor ángulo de contacto.

Figura 27.Partículas de los agregados pétreos

Agregados pétreos a partir de tezontle.

La composición química promedio del material de tezontle localizado en el cerro de la Balastrera, en el Municipios de Zempoala, Hidalgo es 57.19 % de SiO2; 14.92% Al2O3; 11.63% Fe2O3; 5.91% CaO; 3.81% MgO; 3.60% Na2O; 0.67% K2O; 2.27% TiO2., así como en la figura 23 a y la figura 23 b, se puede apreciar una imagen de una partícula de Iddingsita a -400 mallas con un tamaño aproximado de -38 micras la cual se analizó por medio dc SEM – CDS, en donde se puede observar la presencia de elementos mayoritarios de silicio, aluminio, calcio, sodio, magnesio, hierro, característicos de una Iddingsita, como se aprecia en la figura 28 donde se puede ver una gran porosidad.

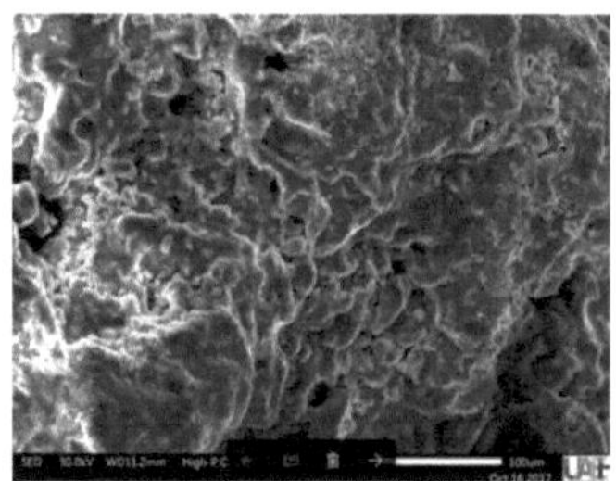

Figura 28. Fotomicrografía de la iddingsita, Imagen general, 2200X, SEM.

Obsidiana.

La obsidiana ha sido utilizada en Hidalgo y en todo el territorio mexicano desde tiempos prehispánicos, los antiguos pobladores ya la explotaban para la fabricación de flechas utilizadas en la cacería y como arma personal. Podría decirse que el cerro de las navajas, ubicado en el Municipio de Epazoyucan, distante 15 km al oriente de la Ciudad de Pachuca, era uno de los principales centros de abastecimiento bélico para el resto de la República Mexicana.

Pero con la obsidiana no solo se fabricaban armas, también se utilizó en la manufactura de distintas piezas de ornato, esto se puede constatar en el museo nacional de antropología e historia de la Ciudad de México.

Esa tradición, en el tallado de la obsidiana para la manufactura de piezas por los pobladores prehispánicos de México, fue alterada por la conquista y desaparecio casi en su totalidad.

El yacimiento se localiza 20 km al este de la Ciudad de Pachuca, en el ejido denominado "El Nopalillo", Municipio de Epazoyucan; al pueblo de "El Nopalillo" se llega por camino pavimentado y de allí al yacimiento, localizado al norte de la población, se transita por un camino de 3 km de terracería en buenas condiciones y es transitable todo el año.

Por otro lado, la obsidiana es un término que se aplica a vidrios cuya composición varía desde la granítica a la tonalítica, y es un producto volcánico sin estructura molecular definida, es decir, amorfo desde el punto de vista mineralógico; por tal motivo se dice que es un vidrio de naturaleza compacta.

Estas rocas volcánicas se han enfriado tan rápidamente que están total o parcialmente formadas de material vítreo, en el que los distintos elementos no tuvieron la oportunidad para agruparse en minerales definidos. Si la roca en cuestión, está totalmente compuesta por vidrio se llama obsidiana, como es el caso concreto de la obsidiana "El Nopalillo".

La composición mineralógica promedio de una obsidiana, en general es cuarzo 30.5%; albita 31.0%; ortosa 30%; anortita 4%; otros minerales 4.5%. De igual modo, las obsidianas negras son pobres en agua (menos de 3% de H_2O), mientras que las obsidianas parduscas son ricas en agua y se les denomina desde el punto de vista mineralógico "pechsteins o retinita". Investigaciones más recientes (Escola, P. S. (2004)., Pastrana, A., Vallés, M. G., & Rodríguez, L. M. (2018), Cruz-Pérez, M. A. et al . (2021), indican que la mayoría de obsidianas contienen de 0.1 a 1.0 % de agua en peso, almacenada en los grupos (SiOH), dentro de la estructura molecular, esta agua, aunque representa los componentes originales del magma, está presente después del enfriamiento.

Por su parte, la obsidiana fresca típica es negra y lustrosa, cuyos rasgos físicos se caracterizan por una fractura concoidea lisa, de translucido a transparente, su dureza es de aproximadamente 5 en la escala de Mohs y su peso específico de 2.0 a 2.3.

Así mismo, los mantos de obsidiana generalmente están formados por gruesas capas de pumicita, piedra pómez blanquecina, que es una roca volcánica formada por el escape rápido de gases y que consiste en espuma endurecida. La figura 29 muestra el yacimiento de obsidiana del ejido de Nopalillo.

Figura 29. a) Obsidiana del Cerro de las navajas, en el ejido de Nopalillo; Hidalgo.

Por otra parte, se presenta la composición química de la obsidiana negra teniendo como elementos mayoritarios como 22.4%Si, 4.59%AIM, 0.16% Fe, 0.01%Ca, 9.60% C, 4.84%Na, 1.15%K, 57.19% O, 0.01%Ce, 0.01%Ta.

Feldespatos.

El feldespato corresponde a un grupo extenso de minerales formados por silicatos de aluminio, combinados en sus tres formas: potásicos, sódicos y cálcicos. Estos son los minerales más abundantes de la corteza terrestre (60%).

En la cual, se presentan los aluminosilicatos de Na, K, Ca y Ba, representados en dos series: ALCALINOS: KAISi 3 O 8 (Ortosa) – NaAISi 3 O 8 (Albita). PLAGIOCLASAS: NaAISi 3 O 8 (Albita) – CaAl2Si 2 O 8 (Anortita), los cuales pueden presentar colores blanco, amarillo o salmón.

Dichos minerales, encontramos en esta región en los Municipios de San Agustín Tlaxiaca y en el Municipio de Epazoyucan Hidalgo, presentan la siguiente composición química es la siguiente

55.23% de SiO_2, 14.85% de Al_2O_3, 6.30% de Fe_2O_3, 1.95% de MgO, 0.95% de Na_2O, 2.14% de K_2O, 0.63%de TiO_2.

Pumicita.

La piedra pómez, pumita o pumicita es una materia prima mineral de origen volcánico (piroclastos), en cuya composición intervienen mayoritariamente sílice y alúmina.

Cuya composición química es la siguiente,1.84% de Na, 0.04300% de Al, 0.20007% de Si, 0.00000% de P, 0.02995% de K, 0.00901% de Ca, 0.03335% de Fe. Destacando que dichos yacimientos localizados en esta región se encuentran principalmente en el Municipio de Epazoyucan, Hidalgo.

Arcillas.

Los bancos de arcillas se encuentran principalmente en la comunidad de San Bartolo en el Municipio de Pachuca, Hidalgo, actualmente son explotados por la empresa Extracción y Molienda de Barro S.A. DE C.V. (EXMOBA).

Por otro lado, en la tabla 10 se puede encontrar el módulo de ruptura de las arcillas a diferentes temperaturas.

Tabla 10.Módulo de ruptura de las arcillas de la región de Pachuca, Hidalgo.

Temperatura °C	Módulo de ruptura Kg/cm^2
25	70
700	31
750	36
1130	53
1230	183

Fluorita

El yacimiento de fluorita blanca aún no ha sido cuantificado, y se encuentra en el Municipio de Pachuca, Hidalgo, en la figura 30 se observa una muestra de este yacimiento. Cuya composición química es la siguiente de 47.67% F, y 50.33 % CaO y 2.2 % de SiO$_2$.

Figura 30. Fluorita de la Región de Pachuca, Hidalgo.

Serpentina.

La serpentina es un mineral común, el cual es una alteración de ciertos silicatos magnésicos y hierro, especialmente olivino, piroxenos y anfíboles, aparece asociada frecuentemente con la magnesita, la cromita y magnetita. Se da tanto en las rocas ígneas como en las metamórficas; este mineral se encuentra en el Municipio de Pachuca, Hidalgo, la cual es del tipo Antigorita: de color verde oscuro, translúcida como se observa en la figura 31.

La composición química promedio es la siguiente, 41.5% de SiO_2, 13.94% de $Al2O_3$, 0.11% de CaO, 35.7% de MgO, 0.71% de $Na2O$, 2.10% de $K2O$, 0.63% de TiO_2.

El yacimiento de serpentina aún no se ha cuantificado, y se encuentra en el Municipio de Pachuca, Hidalgo.

Figura 31. Serpentina de la región de Pachuca, Hidalgo.

Bentonita.

El yacimiento de bentonita se localiza en la comunidad del Jiadi en el Municipio de Actopan, Hidalgo, del cual aún no se han evaluado sus reservas. Aunado a esto, se ha venido explotando a una escala menor y solo se ha realizado su caracterización química

Silicio.

Los yacimientos se encuentran en los Municipios de Pachuca y Tepeapulco, Hidalgo, respectivamente. Las reservas no se han sido cuantificado, pero estos bancos son explotados; el de Pachuca para la producción de agregado pétreo (balaustro) el cual es utilizado en las vías del metro de la Ciudad de México, y el de Tepeapulco es molido para la industria cerámica.

6. **Región de Pacula.**

Se ubica a 25 kilómetros al norte de Zimapán, corresponde al Municipio de Pacula como se observa en la figura 32, y se caracteriza por contener los depósitos de fosforita de mayor importancia del estado la composición química promedio de la fosforita es de 2.43% de $Al2O_3$, 59.99% deCaO, 0% de MgO, 0.16% de $Na2O$,

0.15% de K_2O y 36.03% de P_2O_5 con volúmenes económicamente explotables, tal como se observa en la figura 33.

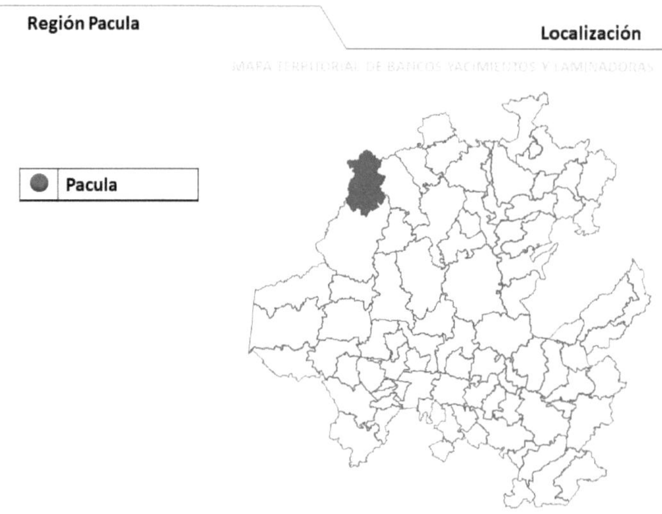

Figura 32. Mapa del estado de Hidalgo con la ubicación de los principales Municipios de la región de Pacula Hidalgo.

Figura 33. Yacimiento de fosforita de Pacula.

En la figura 34, se pueden ver los resultados de microscopia electrónica de barrido, donde se puede apreciar el espectrómetro de energías dispersivas con los contenidos de los elementos presentes, así como una micrografía donde se puede apreciar la morfología de la fosforita

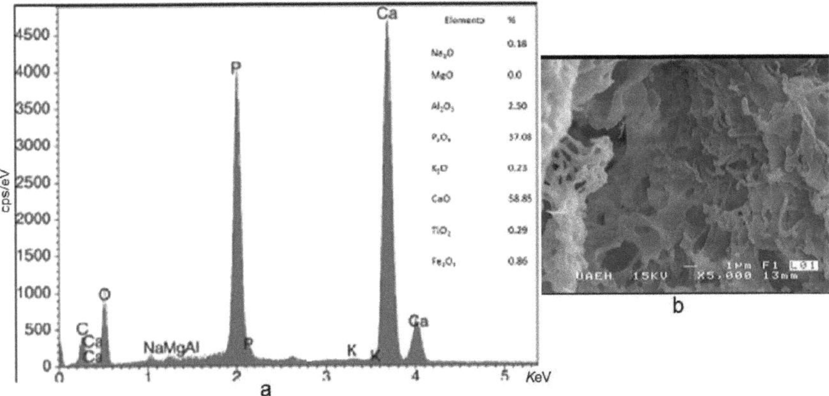

Figura 34. Microfotografías de la fosforita – 400 mallas a) resultado del microanálisis general SEM-EDS, b) Imagen, 5000X

Así mismo, se cuenta con un potencial importante de dolomita la cual es la roca encajonante en este mineral que es la fosforita, también contiene caliza y agregados pétreos.

7. Región de San Nicolás Tolentino.

Se encuentra al oriente de la región de Pacula, en el Municipio de Jacala (figura 35); reviste cierta importancia por la presencia de algunos depósitos de yeso, cuyos afloramientos son de dimensiones restringidas y están encajonados por rocas calizas y dolomitas, lo que obstaculiza la rentabilidad de su explotación. La falta de un estudio a detalle y del diseño de un sistema adecuado de explotación, dificultan el conocimiento del verdadero potencial geológico-minero, ya que el ejido de San Nicolás Tolentino cuenta con un potencial preliminar de 16'560,000 ton. (SGM).

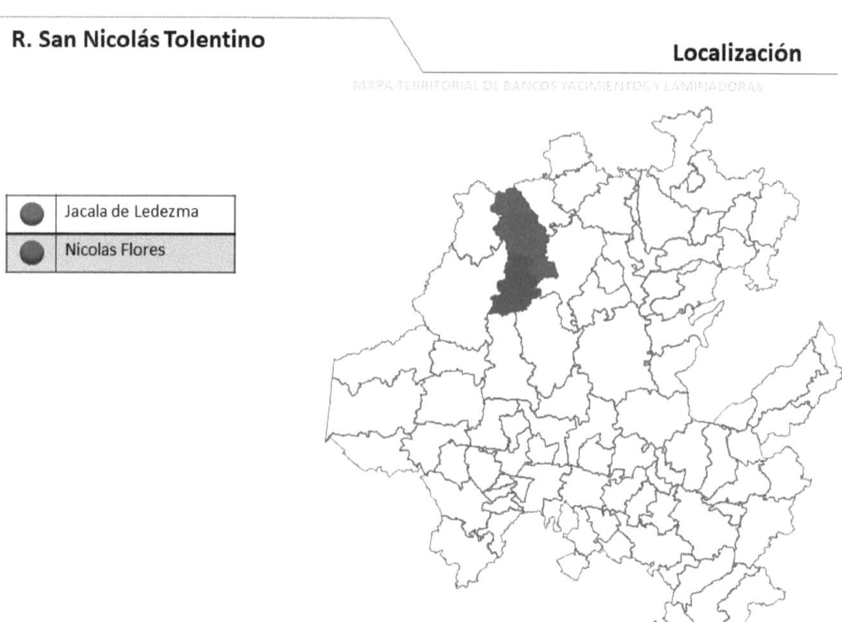

Figura 35. Mapa del estado de Hidalgo con la ubicación de los principales Municipios de la región de San Nicolás Tolentino Hidalgo.

Localización y acceso. Se localiza al N30ºW y a 110 Km en línea recta a la Ciudad de Pachuca. El acceso se realiza por la carretera No. 85 hacia Nuevo Laredo la cual nos conduce a la Ciudad de Jacala y con 10 Km de recorrido por terracería, el cual conduce al poblado de San Nicolás, dicho yacimiento pertenece al régimen de propiedad ejidal el cual se observa en la figura 36.

Figura 36. Yacimiento de yeso de San Nicolás Tolentino.

Yeso.

Es un cuerpo de rocas evaporíticas de sulfato de calcio ($CaSO_4$), y existen algunos otros afloramientos de yeso dentro del área en contacto lateral con las dolomitas, pero de pocas dimensiones. El origen de los depósitos de yeso es debido a facies evaporíticas de zonas marinas saturadas con sulfato de calcio en cuencas de poca profundidad, donde la forma del depósito es irregular, originado por procesos evaporíticos, con una composición química promedio de 74.50% $CaSO_4$, 34.2% CaO, 0.85% Al_2O_3, 0.46% F_2O_3, 2% SiO_2, 49.6% H_2O (FIFOMI-SE, 2018).
Perfil de mercado del yeso, FIFOMI-SE, 2018.

8. Región de Tepatepec-San Salvador.

Queda ubicada a 20 km al oeste de la Ciudad de Actopan, ocupando parte de los Municipios de San Salvador, Francisco I. Madero, Progreso de Obregón, Santiago de Anaya, Ajacuba y Chilcuautla como se observa en la figura 37. En la zona, se observan afloramientos de caliza, dolomita, calcita, diatomita, mármol travertino y bentonita.

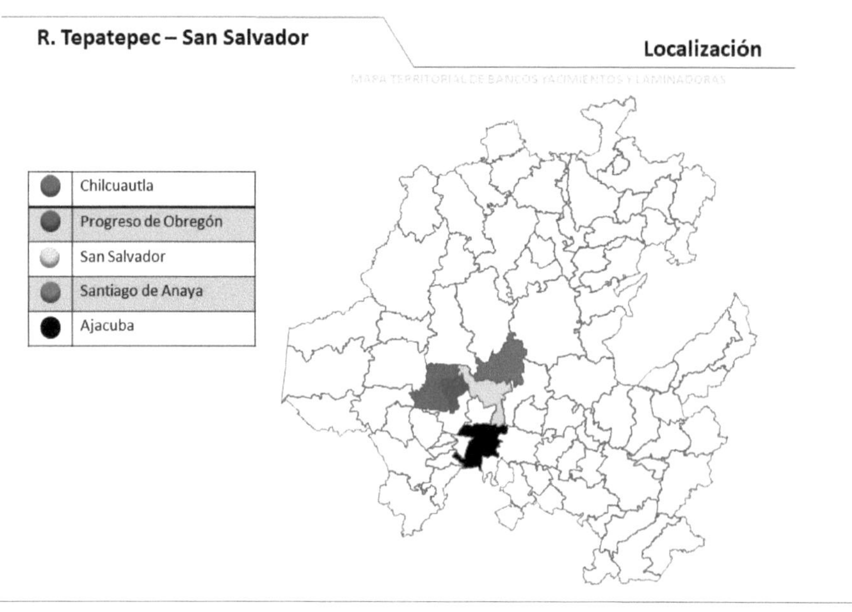

Figura 37. Mapa del estado de Hidalgo con la ubicación dc los principales
Municipios de la región de Tepatepec-San Salvador Hidalgo.

El estado de Hidalgo presenta una amplia colección de rocas que contienen
carbonato de calcio, entre ellas se encuentra la caliza, caliza recristalizada, calcita,
mármol, dolomita y aragonita. Las rocas mencionadas anteriormente, se diferencian
principalmente en los contenidos de carbonato de calcio y en su estructura cristalina.

Las calizas que se localizan en la zona de Progreso, actualmente las explotan las
caleras y cementeras que operan en los Municipios de Tula de Allende y
Atotonilco de Tula, las cuales presentan la siguiente composición química.
La composición química promedio de caliza de esta zona es de 4.46% de SiO2,
2.09% de Al2O$_3$,2.88% de Fe2O3, 89.49% de CaO, 2.16% de MgO, 0.39% de
Na$_2$O, 0.13% de K$_2$O y 0.39 de TiO$_2$.

Caliza.

Es uno de los minerales no metálicos más abundantes en la naturaleza, encontrándose en forma de masas rocosas sedimentarias como se observa en la figura 38 y compuestas principalmente por carbonato de calcio, con impurezas de alúmina, sílice, y magnesio (Hernández et al 2015)·

Figura 38. Mineral de Caliza.

Por otra parte, esta zona refleja su importancia en la explotación de calcita y caliza para la producción de carbonato de calcio, ya que esta región genera aproximadamente el 10% de la producción de estatal de este producto, pero con calidad del 99% de $CaCO_3$.

Por otro lado, la calcita mineral se encuentra en forma de vetas incrustadas en la caliza, en baja relación en comparación a la caliza; generalmente de coloración blanca, miel o amarillento. Está compuesta en un 99% por carbonato de calcio ($CaCO_3$) en las siguientes proporciones promedio: óxido de calcio (CaO) 56.03 % y bióxido de carbono (CO_2) 43.97 % (Hernández et al 2015) pero en muestras analizadas por Espectroscopia de Absorción Atómica se obtuvo una composición química de 0.00% de SiO_2, 0.00% de Al_2O_3, 0.702% de Fe_2O_3, 0.245% de MgO, 0.030% de Na_2O y 99.0% de $CaCO_3$.

Así mismo, el carbonato de calcio ($CaCO_3$) es un polvo blanco insípido; con una dureza que no sobrepasa 5 (dependiendo de la roca que este formando), en la escala de Mohs, densidad teórica de 2.7 g/cm^3 y una composición química promedio de 59.96% de carbonato y 40.04% de calcio.

Algunas propiedades del carbonato de calcio de esta zona, son la perdida por calcinación y el color después del quemado, lo cual se muestra en la tabla 11.

Tabla 11.Resultados de la prueba de calcinación.

Muestra	Perdida por calcinación (%)	Color de quemado
Caliza	36	Blanco
Calcita	55	Blanco

5.3 Absorción de aceite.

Los resultados de la prueba de absorción de aceite se muestran tanto para la caliza como para la calcita, en la tabla 12, dichos resultados indican que la "calcita" es la muestra con mayor valor de absorción de aceite, lo que indica una elevada área superficial.

Tabla 12. Valores de absorción de aceite de las muestras analizadas.

Muestra	Absorción de aceite
Caliza	16
Calcita	21

Dolomita.

La Dolomita es un mineral ampliamente distribuido en la naturaleza, compuesto de un doble carbonato de calcio o magnesio y algunas veces manganeso, de color grisáceo de origen puramente sedimentario (Figura 39), por esta razón, siempre está asociado con rocas sedimentarias calcáreas y en raras ocasiones con otros sedimentos (SGM 2012).

Por otra parte, esta es la región del centro del país más importante en la explotación y en la producción de dolomita. Lo cual se refleja en cuanto a que el estado de

Hidalgo es el primer productor a nivel nacional, teniendo contenidos aproximados de 22 a 36 % de Mg, la composición química promedio de la dolomita es de 3.64% de SiO_2, 0.00% de Al_2O_3, 0.00% de Fe_2O_3, 32.67% de MgO, 0.54% de Na_2O, 62.03% de CaO, 0.64% de TiO_2 y 0.48 de K_2O.

Figura 39. Mineral de Dolomita

Bentonita.

En general, son compuestos de la forma $Al_2O_3 \cdot 4SiO_2 \cdot H_2O$. Contiene una porción elevada de montmorilllonita, y la presencia de bentonita en el estado de Hidalgo, es en el Municipio de San Salvador, Hidalgo (figura 40), la cual es del tipo montmorilllonita cálcica, teniendo reservas positivas de unos 328,750 toneladas (visita de campo 1996 COREMI).

Figura 40. Yacimiento de mormorillonita de San Salvador, Hidalgo.

Esta mineral está Compuesto por 90% de montmorillonita, 6% de cuarzo, Y 4% de feldespato, En la figura 41, se observan las especies minerales identificadas por Difracción de Rayos X, en la que se puede ver la presencia de fases minerales mayoritarias como cuarzo, anortoclasa, ortoclasa, albita, berlinita. Silico-aluminatos de sodio (paragonite, gmelinite).

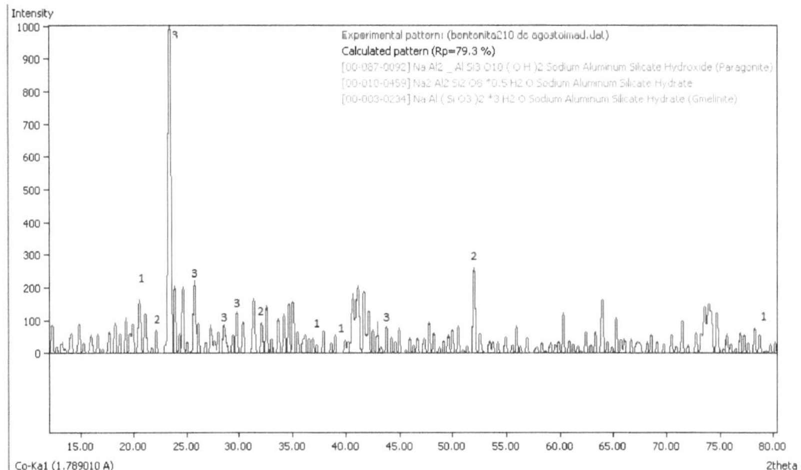

Figura 41. Difractograma de rayos X del material de bentonita, cuyas especies minerales principales son: cuarzo, anortoclasa, ortoclasa, albita, berlinita. Obtenida con una radiación de Cu Kα1 de longitud 1.50056 Å, un voltaje de 30 Kv, una intensidad de 20 m A y una velocidad de barrido de 22 θ/min.

Figura 42. Yacimiento de mármol travertino del Municipio de Ajacuba, Hidalgo.

Los resultados obtenidos por FRX de los elementos contenidos en la bentonita son los siguientes 73.40% de SiO_2, 14.91% de Al_2O_3, 2.60% de Fe_2O_3, 2.76% de MgO, 0.92% de Na_2O y 3.93% de CaO,1.67% de K_2O y 0.35% de TiO_2;de los cuales se presentan en forma mayoritaria el silicio, aluminio, hierro, sodio, potasio, entre otros.

Travertino

El yacimiento de mármol Travertino se localiza en el Municipio de Ajacuba, Hidalgo, el cual tiene un potencial cuantificado de 150 mil m^2 positivos, teniendo una composición química promedio del 97% de carbonato de calcio, la composición química que presenta es la siguiente: 0.20% de Na_2O, 0.70% de MgO, 0.42% de K_2O, 97.87% de CaO, 0.0% de TiO_2, 0.13% de Fe_2O_3, 0.26% de Al_2O_3 y 0.42% de SiO_2 .

En la figura 42, se presenta el yacimiento de mármol Travertino el cual es explotado con sistemas de hilo diamantado destacando que el desecho de la explotación es reprocesado para la producción de carbonato de calcio.

9. Región de Tula.

Se encuentra distribuida al sureste del estado, abarcando parte de los Municipios de Tula de Allende, Atotonilco de Tula, Progreso de Obregón, Atitalaquia, Tlaxcoapan, Tezontepec de Aldama, Tepatitlán y Tepeji del Río figura 43.

En esta región se localizan los principales yacimientos de roca caliza, actualmente en explotación para la fabricación de cemento y cal en las plantas instaladas en la zona. También existen depósitos de puzolana, diatomita, carbonato de calcio y rocas dimensionables, además de caolín y otras arcillas que provienen de la alteración provocada en las canteras que cubren a las calizas. Estas arcillas también son utilizadas como materias primas en la fabricación del cemento y como agregados pétreos en la industria de la construcción.

Figura 43. Mapa del estado de Hidalgo con la ubicación de los principales Municipios de la región de Tula Hidalgo.

Por lo anterior, esta región actualmente es la más importante en producción de cemento ya que aquí se genera el 70 % de toda la producción en México. (CANACEN, Anfacal).

Los agregados pétreos de esta región, son procesados en esta misma a partir de calizas las cuales son explotadas a cielo abierto con el uso de explosivos como se ve en la figura 44.

Figura 44. Explotación a cielo abierto de calizas.

La composición promedio de estas calizas es de1.27% de SiO_2, 1.09% de Al_2O_3, 1.88% de Fe2O3, 94.68% de CaO, 2.16% de MgO, 0.39% de Na2O, 0.13% de K2O y 0.39% de TiO2.

Dichos agregados pétreos son utilizados para la industria de la construcción, para la producción de alimento animal, la producción de carbonato de calcio y principalmente para la producción de cal y cemento, cuya densidad es de 2.56 g/mc^3.

A continuación, se describen el informe de calidad de los agregados pétreos a partir de caliza de la Región.

Agregados pétreos a partir de roca andesitica.

Los yacimientos de agregados pétreos naturales de esta región, se encuentra en el Municipio de Tezontepec de Aldama, Hidalgo, estos son de origen ígneos, y se extraen de forma rudimentaria por ejidatarios sin controlar su calidad ni la granulometría, por lo cual tampoco se cuenta con una evaluación de reservas ni estudios de calidad de los mismos

Puzolana.

La mayor reserva de mineral de puzolana se localiza en el Municipio de Tepetitlan, Hidalgo, la cual no se ha cuantificada teniendo una extensión aproximadamente de tres kilómetros, a continuación, se presenta la composición química promedio de la puzolana 1.54% de Na_2O, 0.39% de MgO, 5.66% de K_2O, 0.16% de CaO, 0.40% de TiO_2, 0.98% DE Fe_2O_3, 11.99% de Al_2O_3, 78.12% de SiO_2

Travertino.

Por otro lado, el yacimiento de mármol travertino se localiza en la Comunidad del Refugio en el Municipio de Atotonilco de Tula, al cual no se han evaluado sus reservas, así mismo actualmente no se explota dicho yacimiento, mientras que su composición química promedio es la siguiente 0.20% de Na_2O, 0.70%de MgO, 0.42% de K_2O, 97.87% de CaO, 0.00% de TiO_2, 0.13% de Fe_2O_3, 0.26% de Al_2O_3 y 0.42% de SiO_2.

Arcillas.

La arcilla de esta región se localiza principalmente en los Municipios de Tula y Tepeji del Rio, Hidalgo. La composición química promedio de estos yacimientos son los siguientes 0.28% de Na_2O, 3.70% de MgO, 2.13% de K_2O, 7.70% de CaO, 1.92% de TiO_2, 8.45% de Fe_2O_3, 19.34% de Al_2O_3 Y 56.43% de SiO_2.

Perlita.
El mineral de perlita se encuentra ubicado en la comunidad de Tepeitic del Municipio de Tepetitlan, Hidalgo, dicho yacimiento no ha sido cuantificado a la fecha ni se determinado su calidad.

10. Región de Tulancingo.
Comprende las áreas adyacentes a la Ciudad de Tulancingo, abarcando los Municipios de Tulancingo, Cuautepec de Hinojosa, Santiago Tulantepec, Singuilucan, Acatlán (figura 45) y se caracteriza por la explotación de bancos de arcillas como son los feldespatos, caliza, diatomitas, arcillas refractarias y pesadas, así como la explotación de piedra pómez y pumicita.

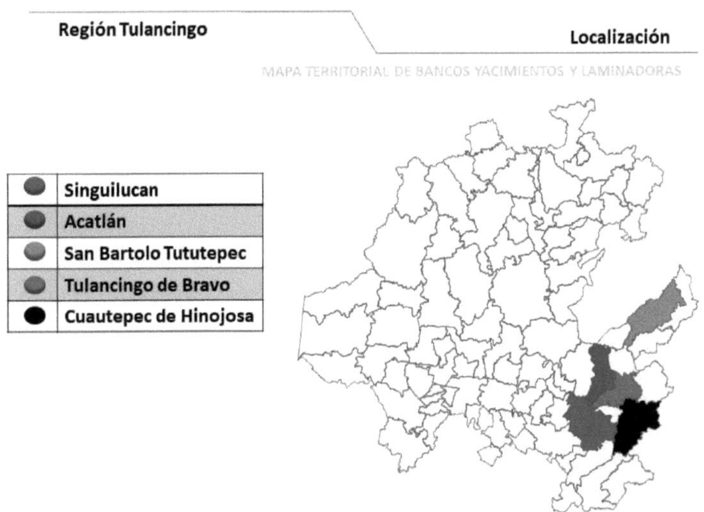

Figura 45. Mapa del estado de Hidalgo con la ubicación de los principales
Municipios de la región de Tulancingo Hidalgo.

Por otra parte, en esta región se procesa el 80% del caolín de la región caolinera
de Agua Blanca, Hidalgo, y Huayacocotla Veracruz, esto debido a las condiciones
climáticas, y a que aquí están instaladas 28 de las 32 plantas procesadoras de la
región de Agua Blanca número uno descrita en este libro.

Caliza.

El yacimiento se encuentra en el Ejido Hueyotipa en el cerro del Yolo, cuenta con
una superficie de 117 has, y con un potencial de 12'726,560 ton. (coremi 1995), su
composición química es la siguiente 6.5% de SiO_2, 1.8% de Al_2O_3, 1.1% de Fe_2O_3,
0.54% de MgO, 0.168% de Na_2O, 0.3% de K_2O, 0.06% de TiO y 86.0% de $CaCO_3$.

Pumicita.

En la actualidad, existe una cantidad considerable de minas de pumicita que son
explotadas a cielo abierto en esta región la cual es considerada la más importante
en la producción de piedra pómez a nivel nacional (Flores-Badillo, J., et al. 2019,
Serralde-Lealba, J. R. et al. 2021). Sin embargo, no se cuenta con estudios de
cuantificación de reservas, únicamente se ha realizado la caracterización de este

mineral, a continuación se presenta la composición química promedio de la pumicita obtenidos por ICP y FRX, de la siguiente manera 1.66% de Na2O, 0.0% de MgO, 14.9% de Al2O3, 73.11% de SiO2, 5.12% de k2O, 1.25% de CaO, 0.33% de TiO2 y 3.63% de Fe2O3 en donde se aprecian las especies mayoritarias como sílice, alúmina, hematita, óxido de potasio, óxido de calcio, óxido de sodio y elementos minoritarios como el óxido de titanio.

Diatomita.

Los dos yacimientos de diatomitas de esta región se localizan en las comunidades de Loma Larga y Hueyotlipa del Municipio de Acatlán, Hidalgo.

Diatomita de Loma Larga.

El yacimiento de Loma Larga, se encuentra en explotación, pero no se tiene una cuantificación de reservas, las propiedades de este son color grisáceo, densidad de 2.15 g/cm3, porosidad total del 77.2%, tamaño medio de los poros de 1.5 µm, superficie específica de 22.53(m²/g), pH 7. En tanto que su caracterización mineralógica presenta sílice como fase mineralógica mayoritaria, bernilita, ortoclasa, andesita, feldespato potásico, moscovita y albita (Hernandez Avila, J. et al 2019).

Por otra parte, la composición química promedio de la diatomita presenta como mineral mayoritario 6.10% Na2O, 1.79% MgO, 2.41% K2O,0.85% CaO,0.50%TiO2, 1.95% Fe2O3,11.63% Al2O3, y 70.0% SiO2. tabla 45.

En la figura 46, se observa la morfología de las diatomeas de Hueyotlipa, presentando estructuras semiangulares con las características propias de su porosidad.

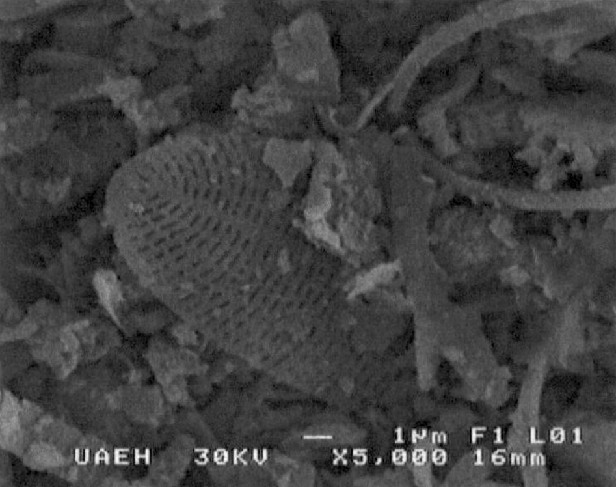

Figura 46. Morfología de diatomita de Loma Larga.

Diatomita de Hueyotlipa.

Del yacimiento de Hueyotlipa no se tiene una cuantificación de reservas, sus propiedades son; color grisáceo, densidad de de 2.10 g/cm^3, porosidad total del 73.1%, tamaño medio de los poros de 1.7 µm, superficie específica de 22.23 (m^2/g), pH 7; mientras que su caracterización mineralógica presenta sílice, bernilita, ortoclasa, andesita, feldespato y albita.

Por otro lado, la composición química promedio de la diatomita presenta como mineral mayoritario la sílice como se presenta de la siguiente manera 4.20% de Na_2O, 1.69% de MgO, 2.61% de K_2O, 0.75% de CaO, 0.40% de TiO_2, 1.63% de Fe_2O_3, 11.95% de Al_2O_3 y 73.0% de SiO_2.

En la figura 47 se observa la morfología de las diatomeas de Hueyotlipa, se pueden ver estructuras semiesféricas con las características de su porosidad correspondiente.

Figura 47. Morfología de diatomita de Hueyotlipa, Hidalgo.

Agregados pétreos (tezontle).

En el Municipio de Acatlán, Hidalgo, se explota el mineral de tezontle el cual es utilizado principalmente para revestimiento de carreteras y en viveros, su composición química promedio se presenta en la siguiente manera 3.60 Na_2O,

6.57% de MgO, 18.41% de Al_2O_3,57.73% de SiO_2,1.19% de K_2O,4.07% de CaO,1.66% e TiO_2 y 10.22% de Fe_2O_3.

Arcillas.

Esta región es la más importante en el procesamiento de arcillas y en su producción, las arcillas que se producen son arcillas refractarias y arcillas pesadas las cuales son explotadas y procesadas para diferentes usos entre ellos alfarería, ladrillo, baldosas, tejas, cerámica etc.

Caolín.

El caolín de esta región se encuentra localizado en el Municipio de Cuautepec de Hinojosa, Hidalgo, las reservas de los yacimientos de esta zona no han sido cuantificadas, únicamente se tiene la caracterización química.

Arcillas refractarias.

Los yacimientos de estas arcillas se encuentran en los Municipios de Tulancingo y Singuilucan, Hidalgo, en dichos yacimientos no se han cuantificado las reservas existentes, pero actualmente son explotadas como se muestra en la figura 48. Sus Propiedades físicas que se les han determinado es color muestra sin cocción y con cocción el cual fue de color rojo para ambos casos, su peso volumétrico de 0.004 cm/kg, densidad 2.27 g/cm^3, número de Atterberg ($mlH_2O/100g$ muestra) 17.6%, Plasticidad muy buena, compacticidad excelente, pegajosidad excelente y tixotropía 1.2979% (Salinas-Rodríguez et al 2017).

Figura 48. Explotación de arcilla refractaria en el Municipio de Tulancingo, Hidalgo.

Arcillas Pesadas.

Los yacimientos de este tipo de arcillas, se encuentran en el Municipio de Santiago Tulantepec, Hidalgo, dichos yacimientos no han sido cuantificados, pero actualmente siguen siendo explotados principalmente para uso de elaboración de material de construcción como ladrillos, tejas, baldosas y alfarería. Como se observa en la figura 49.

Figura 49. Elaboración de material de construcción con arcilla pesada.

Los análisis de las propiedades físicas de arcilla pesada.

Propiedades físicas determinación en crudo color muestra sin cocción amarillo color muestra después de la cocción rojo terracota, peso volumétrico 0.004 cm/kg, densidad 2.56 g/cm^2, Atterberg (mlH$_2$O/100g muestra), 88.2% plasticidad buena, compacidad buena, pegajosidad buena, tixotropía 0.9011%.

Feldespatos.

Esta región es una de la más importante en la producción de feldespatos, ya que en el Municipio de Santiago Tulantepec se encuentra una de las principales empresas en la explotación y procesamiento de este mineral. Los yacimientos de esta región, al igual que las otras arcillas no cuentan con estudio de cuantificación de reservas, primordialmente en los Municipios de Singuilucan, y Cuautepec de Hinojosa, Hidalgo.

Por otra parte, la composición química de las arcillas de esta región se presenta en la tabla 13, donde se puede ver la calidad de estas.

Tabla 13. Composición química promedio de las arcillas de la Región de Tulancingo, Hidalgo.

Tipo de arcilla % en peso	Al_2O_3	SiO_2	Fe_2O_3	TiO_2	CaO	MgO	Na_2O	K_2O	H_2O
Caolín	37.4	45.5	1.68	1.30	0.004	0.03	0.011	0.005	13.9
Arcilla refractaria	19.80	73.00	2.49	1.54	2.49	0.46	1.89	1.55	...
Arcilla Pesada	16.00	69.00	8.01	1.52	0.87	3.24	2.08	0.73	...
Feldespato	22.28	69.37	0.10	0.0	0.05	0.46	2.81	2.86	

Barita.

La barita de Tulancingo se encuentra localizada en el Municipio de Cuautepec de Hinojosa, el yacimiento no ha sido cuantificado, dicho mineral presenta un color blanco y una densidad de 3.8 g/cm^3, y su composición química es la siguiente 6.43& de SiO_2, 0.00% de Al_2O_3, 6.59% de CaO, 0.01% de MgO, 1.25% de Na_2O, 0.18% de K_2O, 17.18% de S, 62.31% de Ba, 5.85% de TiO_2.

11. Región de Zacualtipán.

Localizada hacia la parte centro-oriental del estado, comprendiendo los Municipios de Zacualtipán, Tianguistengo, Yahualica, Molango, Tlanchinol, San Agustín Metzquititlán, y Meztitlan (figura 50). Donde afloran rocas volcánicas cuya alteración hidrotermal ha dado como resultado grandes volúmenes de caolín, como el de la localidad de Alumbres, lutitas y una gran variedad de minerales no metálicos identificados como la leidolita, xenotima, poligarskita, perlita y toba igninbritica, a pesar de que esta zona no ha sido estudiada a detalle.

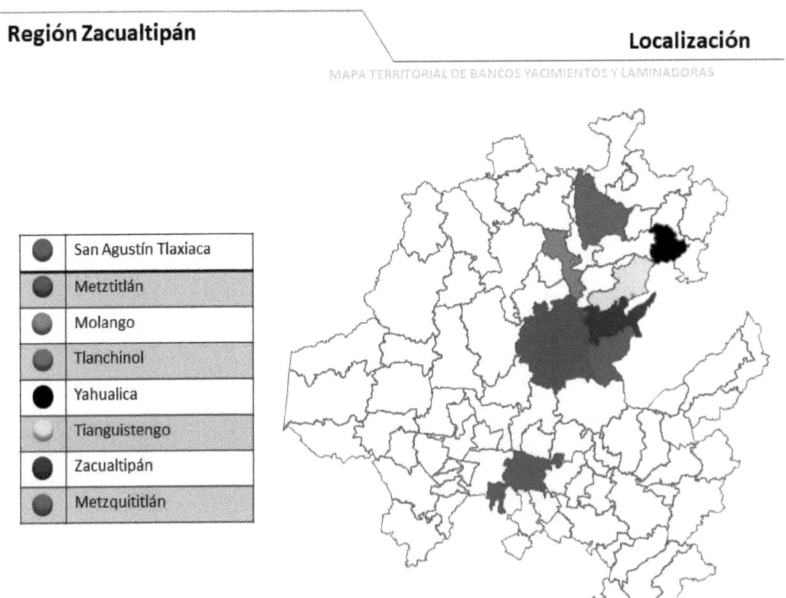

Figura 50. Mapa de la región de Zacualtipán, Hidalgo.

Arcillas.

La presencia de arcillas refractarias también es característica de esta región, teniendo arcillas como la illita, alumbre, caolín y arcillas pesadas, todas estas distribuidas en esta región.

Las especies minerales de la arcilla refractaria que se identificaron son las que a continuación se indican: mayor (más de 25%) cuarzo; menor (de 1 a 10%) illita-montmorillonita, yeso, calcita y alunita; escasa (de 0.1 a 1%) hematita.

Caolín.

El yacimiento de esta región está formado por tobas riolíticas, color café claro a anaranjado, contiene cuarzo, plagioclasas, feldespatos; como minerales secundarios se observan micas y óxidos de hierro. La mineralización de caolín viene acompañada de minerales de cuarzo, fragmentos líticos de toba de la roca encajonante y micas. Respecto a su potencial, se estimaron dimensiones de 200 x 100 m con un espesor inferido de 30 m, calculando un volumen de 600,000 m³ como reservas de mineral de caolín. En épocas pasadas, se estuvo explotando ésta localidad, desarrollando un tajo con dimensiones de 100 x 50 x 30 m,(Fifomi 1999). El caolín en esta localidad es una mineralización de caolín (Figura 51), de color blanco con tonalidades beige; la estructura mineralizada es un manto encajonado en las tobas riolíticas.

Figura 51. Yacimiento de caolín de la región de Zacualtipán.

Alumbre.

En la comunidad de Alumbres del Municipio de Zacualtipán, Hidalgo, se encuentra el afloramiento del mineral de alumbre el cual es un sulfato doble de aluminio, y otro de un metal monovalente. $KAl(SO_4)_2 \cdot 12H_2O$ (o a su equivalente natural, la calinita), del cual no se tiene una cuantificación de reservas, se ha explotado en forma rudimentaria o gambusina tal como se observa en la figura 52.

Figura 52. Yacimiento de alumbre de la región de Zacualtipán

Illita.

El yacimiento se localiza en el Municipio de Zacualtipán, Hidalgo, dicho depósito no ha sido cuantificado en sus reservas ya que pertenece a la comunidad y lo utilizan para la fusión de sus productos en lugar de arena sílica, su densidad es de 2,7 g/cm3, de color blanco grisáceo.

La composición química promedio de las arcillas de región se presenta en la tabla 14.

Tabla 14. Composición química promedio de las arcillas de la región de Zacualtipán.

Muestra%	SiO2	Al2O3	CaO	Fe2O3	K2O	MgO	Na2O	PxC%
Arcilla Refractaria	81.72	4.04	0.27	0.53	0.42	0.62	0.66	10.04
Caolín	42.44	32.27	0.10	0.02	2.40	0.02	0.03	21.51
Illita	54.01	17.02	0.3	1.70	7.26	3.11	0.15	12.0%

Perlita.

La perlita es un vidrio volcánico amorfo que contiene un porcentaje de 5% de agua en su composición, lo que le proporciona la capacidad de expandirse hasta 20 veces su volumen original cuando es sometido a temperaturas de entre 660 y 1100°C, adquiriendo así una textura porosa, liviana, capacidades aislantes y baja densidad (Flores, et al. 2020).

Por lo que respecta al mineral de perlita presente en esta región, los yacimientos se encuentran localizados en los Municipios de San Agustín Metzquititlán con un potencial de aproximadamente 1,600.000.00 toneladas (Fideicomiso para el fomento minero, 1997), y el de Zacualtipán Hidalgo, respectivamente, el cual no ha sido cuantificado en sus reservas en la tabla 15 se presenta alguna de las propiedades de la perlita tanto cruda como expandida.

Tabla 15. Propiedades de la perlita de la región de Zacualtipán.

Descripción	%
Peso resultante del material expandido en relacion al peso inicial crudo	0.93
Rendimiento volumetrico de perlita cruda	27.74
Volumen por tonelada de perlita cruda (m^3/ton)	0.56
Relacion de volumen expandido a volumen crudo	75.45
densidad perlita cruda (kg/m^3)	1.678
densidad perlita inflada (kg/m^3)	0.47
Temperatura de inflado (°C)	670

La composición química de la perlita se presenta a continuación 72.50% de SiO_2, 13.40% de Ai_2O_3, 0.80% de Fe_2O_3, 0.89% de CaO, 0.20% de MgO, 4.60% de Na_2O, 0.06% de TiO_2.

Para la prueba de inflado, se tomaron 150 gramos del material tamizado por malla no. 200 y se calentaron hasta 850°C, observándose que a los 670°C se presentó el inflado de los primeros granos de perlita. En la tabla 16, se puede ver el cambio de densidad en la perlita.

Tabla 16. Diferencia de densidad entre la perlita cruda y la expandida.

Material	Densidad (kg/cm^3)
Perlita cruda	1.6780
Perlita expandida	0.4655

La granulometría de la perlita expandida se aprecia en la siguiente tabla 17.

Tabla 17. Porcentaje de perlita expandida retenida en diferentes tamaños de mallas.

Tamaño de malla	Porcentaje retenido (%)	Tamaño de malla	Porcentaje retenido (%)
20	43.10	70	1.40
30	21.03	140	1.10
50	32.15	-140	1.20

En la tabla 18, se presentan las características de la perlita en greña y expandida del yacimiento de San Agustín Metzquititlán.

Tabla 18. Tabla de resultados obtenidos de la perlita expandida con respecto a la "cruda" de San Agustín Metzquititlán, en el estado de Hidalgo.

Descripción	Porcentaje (%)
Peso resultante del material expandido en relación al peso inicial crudo	0.93
Rendimiento volumétrico de perlita cruda	27.74
Volumen por tonelada de perlita cruda (m³/ton)	0.56
Relación de volumen expandido a volumen crudo	75.45
Densidad perlita cruda (kg/m^3)	1.678
Densidad perlita inflada (kg/m^3)	0.47
Temperatura de inflado (°C)	670

Xenotima.

El yacimiento se encuentra localizado en el Municipio de San Agustín Metzquititlán, del cual sus reservas no se han cuantificado, en la figura 53 se observa una muestra pulida de la Xenotima de esta región (Cerecedo et al 2014, Cerecedo et al 2018, B. A. Vera-Morales, et al. 2024).

Figura 53. Muestra de xenotima de la región de Zacualtipán Hidalgo.

La composición química de la xenotima se presenta a continuación, donde se puede observar la presencia Ytrio, zircón y tantalio. La composición química es la siguiente 0.02% de Na, 1.27% de Mg, 0.72% de Al, 58.38% de Si, 0.02% de K. 0.31% de Ca, 16.23% de P, 0.03% de Ti, 0.60% de Fe, 19.0% de Y, 3.00% de Zr, 0.24% de Tl.

Agregados Pétreos.

En la Región de Zacualtipán se tienen aproximadamente 10 bancos de extracción de agregados pétreos, los cuales provienen de calizas y rocas ígneas como la andesita, estas no cuentan con la cuantificación de sus reservas ni con sus propiedades fisicoquímicas, ya que la mayoría de estos son explotados en las orillas de los ríos.

12. Región de Zimapán.

Corresponde a un área alargada, cuya orientación va del noreste al suroeste y se extiende hacia el norte y sur de la población de Zimapán, abarcando parte del Municipio de Pacula (figura 54); en ella existen amplios yacimientos de calizas recristalizadas, siendo los de mayor importancia los que se localizan en la barranca de los mármoles (la Encarnación), de donde proviene la mayor parte del carbonato de calcio producido en Hidalgo. En esta región, existen además afloramientos de granitos de diversos colores y calidades, mármoles, canteras, ópalo, granates, fosforita, dolomita, fluorita y calizas aptas para el procesamiento de carbonato de calcio, entre otros minerales.

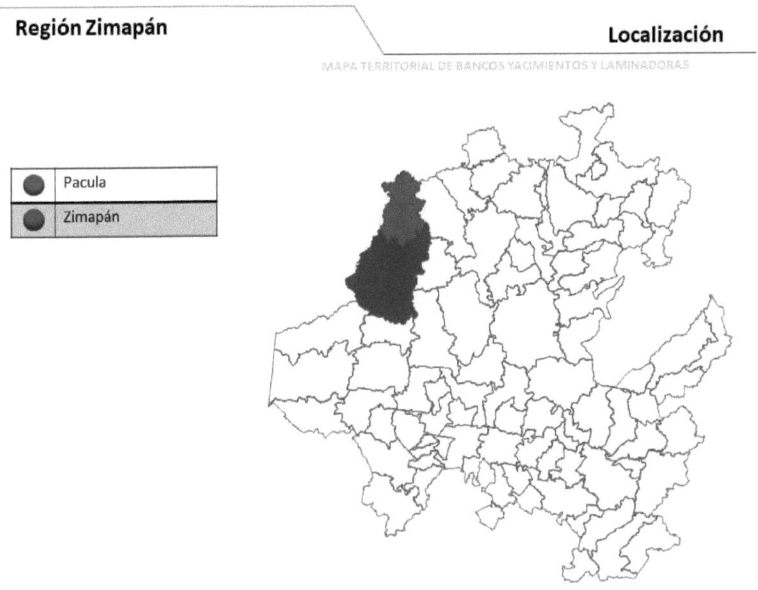

Figura 54. Mapa de la región de Zimapán, Hidalgo.

Carbonato de calcio.

Esta región es la más importante del estado de Hidalgo, aquí se produce el 90% del carbonato de calcio del estado, los yacimientos en explotación se encuentran en las comunidades del Tathi, Xaja y en la barranca de los mármoles (la Encarnación), (Hernández at al., 2014 libro) como se observa en la figura 55.

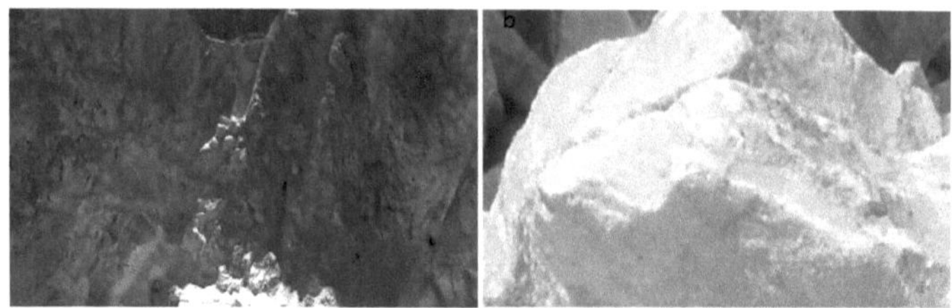

Figura 55. a) Yacimiento de explotación de la Encarnación, b) Caliza recristalizada.

La composición química promedio de este mineral se encuentra entre los rangos de 95 - 97 % de $CaCO_3$ como se observa en la tabla 19.

Tabla 19 Composición química promedio del carbonato de calcio de la región de Zimapán, Hidalgo.

Muestra	SiO_2	Al_2O_3	Fe_2O_3	MgO	Na_2O	$CaCO_3$
Caliza de la Encarnación	1.70	0.65	0.303	0.085	0.168	97.0
Caliza Xaja	2.0	0.85	0.307	0.420	0.181	96.0
Caliza el Tathi	3.0	1.0	0.388	0.296	0.199	95.0

Absorción de aceite.

Los resultados de la prueba de aceite se muestran en la tabla 20, dichos resultados indican que la muestra que da el valor de absorción de aceite es similar para las tres muestras analizadas.

Tabla 20. Valores de absorción de aceite de las muestras analizadas.

Muestra	Absorción de aceite
Caliza de la Encarnación	18
Caliza Xaja	18
Caliza el Tathi	16

Calcinación.

A las diferentes muestras de carbonato de calcio de los distintos bancos se les realizo la prueba de calcinación, con lo que se determinó las perdidas por esta prueba y el color de quemado, como se muestra en la tabla 21.

Tabla 21. Resultados de la prueba de calcinación.

Muestra	Perdida por calcinación (%)	Color de quemado
Caliza de la Encarnación	35	Blanco
Caliza Xaja	34	Blanco
Caliza el Tathi	38	Blanco

Perlita.

Los yacimientos de perlita de esta region se ubican en la comunidad de Xaja, del municipio de Zimapan, Hgo. Se ubicaron cuatro depósitos conteniendo perlita: La Mesita, 100,000 m3; El Huarache, 1'200,000 m3; La Crucecita, 375,000 m3 y El Higuerón, 225,000 m3 (figura56). (SGM-fifomi, 2008 INVENTARIO MINERO DE ZIMAPAN).

Figura 56. Yacimiento de perlita de la comunidad de Xaja.

A continuacion se presenta la composicion promedio de la perlita de Xaja de la region de Zimapan Hidalgo.
71.19% de SiO_2, 13.5% de Al_2O_3, 0.8% de Fe_2O_3, .089% de CaO, 0.53% de MgO, 4.70% de Na_2O, 4.41% de K_2O, 0.06% de TiO_2.

En la tabla 22, se muestran los resultados obtenidos del mineral de estudio, tanto crudo como inflado.

Tabla 22. Resultados obtenidos del material crudo e inflado de perlita.

Descripción	%
Peso resultante del material expandido en relacion al peso inicial crudo	0.90
Rendimiento volumetrico de perlita cruda	34.7
Volumen por tonelada de perlita cruda (m^3/ton)	0.47
Relacion de volumen expandido a volumen crudo	75.60
temperatura de inflado °C	780
Densidad de la perlita cruda (kg/m^3)	1.01
Densidad de la perlita inflada (kg/m^3)	0.5073

Ópalo.

El ópalo es una gema semipreciosa que se forma a partir de la cristalización de soluciones coloidales ricas en sílice. Los ópalos de estas regiones tienen buenas perspectivas debido a la presencia de roca riolítica con fracturas que contienen el mineral. A continuación, se detallan seis localidades en Zimapán Hgo. (SGM-Fifomi, 2008).

1. La llusión (Ópalo Negro) - Uso en joyería y orfebrería.
2. La Gema (Ópalo Iridiscente) - Uso en joyería y orfebrería.
3. El As (Ópalo Gris) - Uso en joyería y orfebrería.
4. La Esmeralda (Ópalo Blanco) - Uso en joyería y orfebrería.
5. El Rubí (Ópalo) - Uso en joyería y orfebrería.
6. Santa Cruz (Ópalo Rojo) - Uso en joyería y orfebrería.

En la figura 57 se presenta el yacimiento de òpalo de Santa Cruz asi como una muestra del mismo donde se puede apreciar la tonalidad del mismo.

Figura 57. Yacimiento de ópalo de la comunidad de Santa Cruz.

La composicion quimica promedio del opalo de este yacimiento es la siguiente teniendo como elementos mayoritarios silice y alumina.

84.35% de SiO_2, 15.35% de Al_2O_3, 0.00% de Fe_2O_3, 0.00% de CaO, 0.00% de MgO, 0.22% de Na_2O, 0.06% de K_2O, 0.00% de TiO_2

Wallastonita.

La Wollastonita es un silicato de calcio característico de algunos yacimientos originados por la acción del calor sobre rocas calizas, es un mineral blanco cuyos cristales se presentan en forma de agujas.

El yacimiento de wallastonita de esta region se ubica en la comunidad de Villa Flores en el Municipio de Nicolás Flores, Hidalgo, con un volumen de reservas de 250,000 m^3 (SGM-fifomi, 2008),en la figura 58 se obseva el yacimento de wallastonita.

Figura 58. Yacimiento de wollastonita de la comunidad de Villa Juárez, Hidalgo.

Por lo que respecta a la composicion quimica promedio de la wollastonita se presenta a continuacion, 0.185% de SiO_2, 0.198% de Fe_2O_3, 46.31% de CaO, 0.670% de MgO, 0.063% de Na_2O, 0.22% de K_2O, .39% de PxC.

Fluorita.

Los yacimientos de fluorita de esta región, se localizan en las comunidades de Moctezuma con un potencial del orden de 14,0000 toneladas y La Perla del cual no se ha estimado el potencial geológico, en la figura 59 se observa una muestra de fluorita de la región. Dicha fluorita reporta un contenido de 54.06% de calcio y 46.04% de flúor.

Figura 59. Fluorita de la región de Zimapán.

Barita.

El yacimiento se localiza en la comunidad de Durango, con una cuantificación de reservas de aproximadamente de 95,000 m^3 de barita, en la figura 60 se observa una muestra de la barita de esta región. Dicho mineral tiene una densidad de 4.15 g/cm^3, con una composición química la cual se presenta a continuación, 6.43% de SiO_2, 0.20% de Fe_2O_3, 7.49% de CaO, 0.01% de MgO, 1.25% de Na_2O, 0.19% de K_2O, 16.18% de S, 5.855 de TiO_2, 62.40% de Ba

Figura 60. Barita de la región de Zimapán Hidalgo.

Feldespatos.

Se localizaron en las localidades de Chemu con un potencial de 300,000 m^3, la Calera con un potencial de 200,000 m^3, el Puerto con un potencial de 300,000 m^3, y El Carrizo con un potencial estimado de 400,000 m^3, El contenido de sílice (SiO_2) se encuentra en el rango de 55 al 72% y alúmina (Al_2O_3) del 11al 12%.

Rocas dimensionables.

Se identificaron 29 localidades, con un volumen potencial total de 16'800,000 m^3. Estos materiales quedan comprendidos en las rocas ígneas y carbonatadas. Actualmente la explotación de las canteras y de lajas no se lleva a cabo en forma diversificada y comercial; la cantera se utiliza como mampostería, cimientos y en bardas.

Toba andesítica (Cantera color blanco).

La toba blanca se localiza en las siguientes localidades, el Encino donde se estimó un potencial del orden de 300,000 m^3, en Xhindo con reservas de 300,000 m^3, La Peñita Blanca con un potencial de 250,000 m^3 y Aguas Blancas con 300,000 m^3, estos materiales presentan buenas propiedades al corte, pulido y brillo.

Toba andesítica (Cantera color verde).

 Estos yacimientos se encuentran en las comunidades de Las Piletas con un potencial de 100,000 m^3, el Aserradero con un potencial de 2'300,000 m^3, El Camino con reservas de 1'500,000 m^3, El Sabino con 600,000 m^3 y Aguas Blancas con 300,000 m^3; estos materiales presentan buenas propiedades al corte, pulido y brillo.

Toba andesítica (Cantera color amarillo).

Esta se localiza en Tzihay con un potencial de 500,000 m^3 y La Joyita con reservas 400,000 m^3, respectivamente, presentando buenas propiedades y resistencia al corte, pulido y brillo.

Toba andesítica (Cantera color rosácea o tipo durazno).

Esta se localiza en Piedra Dura y se estima un potencial de aproximadamente 1'000,000 m^3, en La Savila con un volumen aproximado de 700,000 m^3, presentando buenas propiedades y resistencia al corte, pulido y brillo.

Toba andesítica (Cantera color rojo o sangre de toro).

Se localiza en la comunidad de Camino Real con un volumen aproximado de 500,000 m^3, con buenas propiedades y resistencia al corte.

Toba andesítica (Cantera color beige).

Se localiza en la localidad del Tathi, con un potencial geológico estimado de 500,000 m^3 y presenta resistencia al corte.

Aglomerado.

El banco de aglomerado más conocido es el del Morro, que presenta horizontes de color blanco, amarillo, anaranjado y verdoso, con potencial aproximado de 800,000 m^3, con buenas propiedades y resistencia al corte, pulido y brillo.

Zeolita.

Esta se localiza en El Camino con un potencial de 100,000 ton., el Puerto con 150,000 ton., y El Sabino con 120,000 ton., en la figura 61 se observa el yacimiento de zeolita del Puerto.

Figura 61. Yacimiento de zeolita de la comunidad del Puerto.

Por otro lado, las especies mineralógicas mayoritarias presentes en estas zeolitas son calcita, andesina, cuarzo, cristobalita, heulandita, clinoptilolita, ilita, sanidina férrica, montmorillonita, esmectita, chamosita y magnetita.

Mientras que la composición química se muestra en la tabla 23 para los tres yacimientos, así como la densidad de cada una de ellas.

Tabla 23. Composición química promedio y densidad de las zeolitas de la Región Zimapán Hidalgo.

Compuesto(%)	Na2O	MgO	Al2O3	SiO2	K2O	CaO	TiO2	Fe2O3	H2O	Si/Al	Si/(Al+ Fe)	Fe/(Fe+ Mg)	Densidad (gr/cm³)
El camino	0.05	0.42	10.92	66.78	3.99	4.24	0.00	7.38	6.22	5.40	2.71	0.95	2.27
El Puerto	1.02	1.26	10.67	64.54	4.20	1.62	0.07	1.55	15.07	5.34	4.40	0.60	2.46
El Sabino	3.67	2.11	14.93	62.29	1.84	4.55	0.87	5.73	4.01	3.68	2.36		3.01

Agregados Pétreos.

En la región de Zimapán, se tienen aproximadamente 20 bancos de extracción de agregados pétreos, los cuales provienen de calizas y rocas ígneas como la riolita y la andesita, estas no cuentan con la cuantificación de sus reservas ni con sus propiedades fisicoquímicas.

REFERENCIAS BIBLIOGRÁFICAS

Hernández Ávila Juan, Salinas Rodríguez Eleazar, Rivera Landero Isauro, Vaquero Velázquez J. Tereso, Importancia De La Asistencia Técnica En La Explotación Y Procesamiento De Minerales No Metálicos Del Sector Social En El Estado De Hidalgo, Geomimet, 10- 16, 2004.

Mexicano, S. G. (2023). Anuario estadístico de la minería mexicana, 2023. Ver en http://www. sgm. gob. mx/productos/pdf/Anuario_2023_Edicion_2024. pdf.

Salinas Rodríguez, E., Hernández Ávila, J., Islas E., (2011). Aprovechamiento Y Re Uso De Residuos De La Industria De La Cantera, Editorial Academica Española.

Hernández Ávila, J., Salinas Rodríguez, E., Blanco Piñón, A., Cerecedo Sáenz, E., & Rodríguez Lugo, V. (2015). Carbonato de Calcio en México. Características geológicas, mineralógicas y aplicaciones. OmniaScience Monographs.

INEGI, (2023) Estadística De La Industria Minerometalúrgica.

Milovski, A.V. Y O.V. Kononov, (1988), Mineralogía, Editorial Mir Moscú: 140-149, 217-220.

Santillan Manuel, Genaro González R., (1990). Mineralogía, Editorial Universitaria UNAM: 17-27.

Salisbury Dana Edward Y William E. Ford, (1982).C Editorial Continental, S. A. De C.V., México: (4), 547-567,

Nötstaller, R. (1988). Non-metallic Minerals and the Developing Countries: Patterns, Constraints, Initiatives. In Natural Resources Forum (Vol. 12, No. 2, pp. 137-148). Oxford, UK: Blackwell Publishing Ltd.

Cotton, F. A., & Wilkinson, G. (2006). Química Inorgánica Avanzada: Química de los elementos de transición [Advanced Inorganic Chemistry; The chemistry of the transition elements]. México: Limusa.

Skoog, D. A., Holler, F. J., & Nieman, T. A. (2001). Principios de análisis instrumental (Vol. 5, pp. 614-633). Madrid: McGraw-Hill.

Rubinson, K. A., Rubinson, J. F., Ros, L. L., & Albarrán, Y. M. (2001). Análisis instrumental (pp. 445-479). Madrid, España: Prentice Hall.

CRMyP, (1997), Manual de procedimientos de preparación de muestras y análisis químicos, 10-25.

Harvey, D. (2002). Química analítica moderna (Vol. 570). McGraw-Hill..

Jimenez Salas, J. A., & Alpañes, J. (1975). Geotecnia y cimientos I: propiedades de los suelos y de las rocas.

CIMMGM-FIFOMI, (2002), Técnicas básicas de explotación, Beneficio y Usos Comerciales del Caolín, Fideicomiso de Fomento Minero, 3-35 .

Brian, M., Berry, L.G. (1983) Mineralogy. San Francisco: W.H. Freeman

Mexicano, S. G. (2012), Invenario físico de recursos minerales de la carta Huichapan F14-C78.
Hernández-Ávila, J., Salinas-Rodríguez, E., Cerecedo-Sáenz, E., Reyes-Valderrama, M. I., Arenas-Flores, A., Román-Gutiérrez, A. D., & Rodríguez-Lugo, V. (2017). Diatoms and their capability for heavy metal removal by cationic exchange. Metals, 7(5), 169.

Serralde-Lealba, J. R., Hernández-Ávila, J., Cerecedo-Sáenz, E., Rosales-Ibáñez, R., Salinas-Rodríguez, E., & Barrientos-Hernández, F. R. (2021). Caracterización de la materia prima para la elaboración de un material de construcción, utilizando diatomita y Residuos de Construcción y Demolición (RCD). Pädi Boletín Científico de Ciencias Básicas e Ingenierías del ICBI, 9(Especial2), 213-221.

Flores-Lozano, E. S., de Juambelz, I. R. L., Velázquez-Vázquez, D., Moreno-Pérez, E., & Hernández-Ávila, J. (2020). Comparativa del impacto de la diatomita, perlita y zeolita en el comportamiento térmico y estructural del mortero. PädiBoletín Científico de Ciencias Básicas e Ingenierías del ICBI, 8(Especial), 5-13.

Mexicano, S. G. (1995) estudio geológico del yacimiento de caliza de la comunidad de Hueyotlipa, Hgo.

FIFOMI (1999), Evaluación geológica de la localidad de Alumbres, Hgo.

Mexicano, S. G., (2004). Inventario Físico De Los Recursos Minerales Del Municipio Metzquititlán, , 21-35.

https://canacem.org.mx/ cámara nacional del cemento Agosto 15 2024.

https://anfacal.com/ asociación nacional de fabricantes de cal AC Agosto 15 2024.

Cerecedo, E., Andrade, P., Rodríguez, V., Morales, D. M., Hernández, J., & Salinas, E. (2014). El yacimiento de metales base en Molango, Hidalgo, México: estructura y mineralogía. Tópicos de Investigación en Ciencias de la Tierra y Materiales, 1(1), 76-81.

Cerecedo-Sáenz, E., Rodríguez-Lugo, V., Hernández-Ávila, J., Mendoza-Anaya, D., Reyes-Valderrama, M. I., Moreno-Pérez, E., & Salinas-Rodríguez, E. (2018). Mineralization of rare earths, platinum and gold in a sedimentary deposit, found using an indirect method of exploration. Apects in Mining & Mineral Science, 1(2), 1-9.
B. A. Vera-Morales, J. Hernández-Ávila, E. Salinas-Rodríguez, E.-Cerecedo Sáenz, J. Flores-Badillo, E. Aquino-Torres, (2024), Ocurrencia de lepidolita con (Li) en la Formación Atotonilco el Grande, en el estado de Hidalgo Tópicos de Investigación en Ciencias de la Tierra y Materiales, Vol. 11, No. 11, 39-45,

Escola, P. S. (2004). Variabilidad en la explotación y distribución de obsidianas en la Puna Meridional argentina. Estudios atacameños, (28), 9-24.
Pastrana, A., Vallès, M. G., & Rodríguez, L. M. (2018). La obsidiana: un vidrio precioso milenario. Research Gate, 93-106.

Cruz-Pérez, M. A., Canet, C., Pastrana, A., Domínguez-Peláez, S., Morelos-Rodríguez, L., Carcavilla, L., ... & Mora-Chaparro, J. C. (2021). Green and golden obsidian of "Cerro de Las Navajas", Hidalgo (Mexico): geoarchaeological heritage that deserves international recognition. Geoheritage, 13, 1-16.

Flores-Badillo, J., Rojas-León, A., Román-Gutiérrez, A. D., Hernández-Ávila, J., Salinas-Rodríguez, E., & Contreras-López, C. (2019). Innovation of Building Materials: Ecological Bricks, Characterization of Complementary Inorganic Raw Materials. In Characterization of Minerals, Metals, and Materials 2019 (pp. 683-692). Springer International Publishing.

Hernandez-Avila, J., Serrano-Mejía, E. O., Salinas-Rodríguez, E., Cerecedo-Sáenz, E., Reyes-Valderrama, M. I., del Pilar Gutiérrez-Amador, M., & Rodríguez-Lugo, V. (2019). Use of Porous no Metallic Minerals to Remove Heavy Metals, Precious Metals and Rare Earths, by Cationic Exchange. In Trace Metals in the Environment-New Approaches and Recent Advances. IntechOpen.

Salinas-Rodríguez, E., Flores-Badillo, J., Hernández-Ávila, J., Vargas-Ramírez, M., Flores-Hernández, J. A., Rodríguez-Lugo, V., & Cerecedo-Sáenz, E. (2017). Design and production of a new construction material (bricks), using mining tailings. International Journal of Engineering Sciences & Research Technology, 6(6), 225-238.

FIFOMI-SE, 2018 Perfil de mercado del yeso.

Anexo

A continuación, se presenta un ejemplo de cómo se representan las propiedades de abrasibidad de los materiales pétreos, como se aprecia en la tabla. Así mismo se presenta un ejemplo del reporte del posible uso del material en base a sus propiedades obtenidas en la prueba de los Ángeles.

INFORME DE CALIDAD DE GRAVA

PLANTA: BANCO	TELEFONO: 5550760030
LOCALIZACIÓN: EPAZOYUCAN, HGO.	CLIENTE O CONSTRUCTORA:
OBRA:	DIRECCIÓN:
TIPO DE MATERIAL: RIOLITA	MUESTRA No.1
PARA UTILIZARSE EN: AGREGADO PETREO	ESTINO: ESTUDIO DE CALIDAD DEL MATERIAL
PROCEDENCIA:	FECHA DE MUESTREO:
MUESTREADA EN: BANCO	FECHA DE PRUEBA:

PRUEBAS FISICAS	NORMA MEXICANA VIGENTE UTILIZADA	RESULTADOS ARENA	LIMITES ESPECIFICADOS
MASA ESPECIFICA (MES55) (kg/m^3)	NMX-C-164	2.60	
ABSORCIÓN (%)	NMX-C-164	1.55	
MASA VOLUMETRICA SUELTA (kg/m^3)	NMX-C-073	1320	
MASA VOLUMETRICA VARILLADA (kg/m^3)	NMX-C-073	1505	
PERDIDA POR LAVADO CRIBA No. 200(%)	NMX-C-084	9.90	% MAX.
ABRASIÓN LOS ÁNGELES (%)	NMX-C-196 ONNCCE	16.20	% MAX.
COEFICIENTE VOLÚMETRICO (%)	AFCR	0.17	% MIN.
SANIDAD POR SULFATO DE SODIO (%)	NMX-C-075 ONNCCE	4.02	% MIN.
PARTÍCULAS LIGERAS (%)	NMX-C-072 ONNCCE	0.0	% MAX.
PARTÍCULAS DEZLENABLES (%)	NMX-C-071 ONNCCE	0.0	% MAX.

COMPOSICIÓN GRANULOMÉTRICA
NMX-C-077 ONNCCE EN VIGOR

CRIBA	% RETENIDOS LIMITES MAX.	MIN.	MATERIAL % PASA
3	0	0	------
2	0	0	------
1 ½	0	0	------
1	0	0	------
3/4	10	0	0.0
1/2	-	-	36
3/8	80	45	62
No. 4	100	90	99
No. 8	100	95	100
CAROLA	100	100	
M.F.			

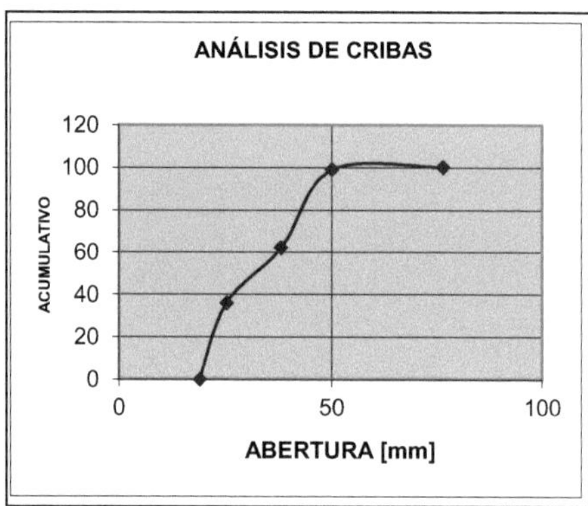

LIMITE DE CONSISTENCIA
LÍMITE LÍQUIDO (S.C.T.)
LÍMITE PLÁSTICO (S.C.T.)
INDICE PLÁSTICO (S.C.T.)
CONTRACCIÓN LINEAL (S.C.T.) (%)

LOS RESULTADOS OBTENIDOS SOLO AFECTAN A LA MUESTRA ENSAYADA.
OBSERVACIONES: ESTE MATERIAL CUMPLE COMO AGREGADO PARA CONCHETO HIDRAULICO

INFORME DE CALIDAD DE AGREGADO PARA CONCRETO ASFALTICO

PLANTA: BANCO	DIRECTOR:
LOCALIZACIÓN:	CLIENTE O CONSTRUCTORA:
OBRA:	DIRECCIÓN:
TIPO DE MATERIAL: RIOLITA	MUESTRA No.
PARA UTILIZARSE EN: AGREGADO PRTREO	ESTINO: ESTUDIO DE CALIDAD DEL MATERIAL
PROCEDENCIA:	FECHA DE MUESTREO:
MUESTREADA EN: ALMACEN BANCO	FECHA DE PRUEBA:

PRUEBAS FISICAS	NORMA MEXICANA VIGENTE UTILIZADA	RESULTADOS OBTENIDOS	LIMITES ESPECIFICADOS
MASA ESPECIFICA SECA	NMX-C-164	2.60	2.4
ABSORCIÓN (%)	NMX-C-164	1.55	----
MASA VOLUMETRICA SUELTA (kg/m^3)	NMX-C-073	1320	----
PARTICULAS ALARGADAS(%)	ASTM –D-4791	12.00	35.0 % MAX.
PARTÍCULAS LAJEADAS (%)	ASTM –D-4791	12.5	35.0 % MAX.
ABRASIÓN LOS ÁNGELES (%)	NMX-C-196	16.20	40.0 % MAX.
EQUVALENTE DE ARENA (%)	AASTHO-T-175	-	-
SANIDAD POR SULFATO DE SODIO (%)	NMX-C-075 ONNCCE	4.02	12% MIN.
CONTRACCION LINEAL (%)	-	0	-
DESPRENDIMIENTO POR FICCION (%)	-	0	25.0 % MAX.

COMPOSICIÓN GRANULOMÉTRICA
NMX-C-77 ONNCCE EN VIGOR

% QUE PASA			
CRIBA	MIN.	MAX.	RESULTADOS OBTENIDOS
1"			
¾"			
½"	100		
3/8"	95.0	100.0	100.00
¼"			
No. 4			
No. 8	0.0	5.0	1.0
No. 10			
No. 16			
No. 20			
No. 40			
No. 50			
No. 60			
No. 80			
No. 100			
No. 200			

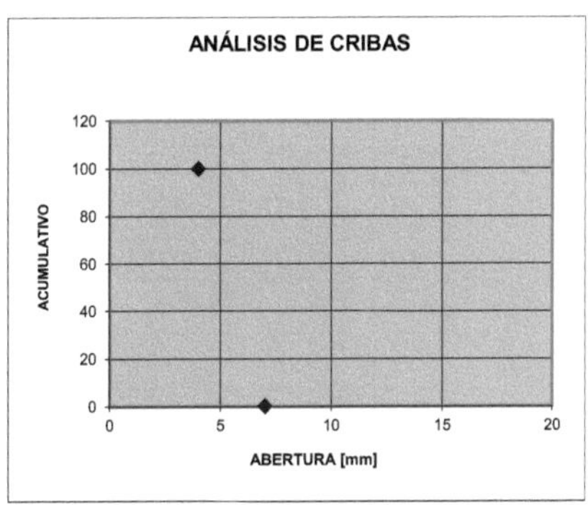

LOS RESULTADOS OBTENIDOS SOLO AFECTAN A LA MUESTRA ENSAYADA.
OBSERVACIONES: MATERIAL QUE CUMPLE ESPECIFICACIONES COMO SELLO 3 A

INFORME DE CALIDAD DE AGREGADO PARA CONCRETO ASFALTICO

PLANTA: BANCO	DIRECTOR:
LOCALIZACIÓN:	CLIENTE O CONSTRUCTORA:
OBRA:	DIRECCIÓN:
TIPO DE MATERIAL: RIOLITA	MUESTRA No.
PARA UTILIZARSE EN: SELLO 3A	ESTINO: ESTUDIO DE CALIDAD DEL MATERIAL
PROCEDENCIA:	FECHA DE MUESTREO:
MUESTREADA EN: ALMACEN BANCO	FECHA DE PRUEBA:

PRUEBAS FISICAS	NORMA MEXICANA VIGENTE UTILIZADA	RESULTADOS OBTENIDOS	LIMITES ESPECIFICADOS
MASA ESPECIFICA SECA	NMX-C-164	2.60	2.4
ABSORCIÓN (%)	NMX-C-164	1.55	----
MASA VOLUMETRICA SUELTA (kg/m^3)	NMX-C-073	1320	----
PARTICULAS ALARGADAS(%)	ASTM –D-4791	15.10	35.0 % MAX.
PARTÍCULAS LAJEADAS (%)	ASTM –D-4791	15.50	35.0 % MAX.
ABRASIÓN LOS ÁNGELES (%)	NMX-C-196	16.20	40.0 % MAX.
EQUVALENTE DE ARENA (%)	AASTHO-T-175	-	-
SANIDAD POR SULFATO DE SODIO (%)	NMX-C-075 ONNCCE	4.00	12% MIN.
CONTRACCION LINEAL (%)	-	0	-
DESPRENDIMIENTO POR FICCION (%)	-	0	25.0 % MAX.

COMPOSICIÓN GRANULOMÉTRICA
NMX-C-77 ONNCCE EN VIGOR% QUE PASA

CRIBA	MIN.	MAX.	RESULTADOS OBTENIDOS
1"	100.00	100.00	
¾"	88.0	100.00	100.0
½"	73.00	100.00	90.00
3/8"	95.0	100.0	79.00
¼"		80.00	68.00
No. 4		68.00	58.00
No. 8	0.0		
No. 10		48.00	
No. 16			
No. 20		34.00	
No. 40		23.00	
No. 50			
No. 60		18.00	
No. 80			
No. 100		13.00	
No. 200		10.00	

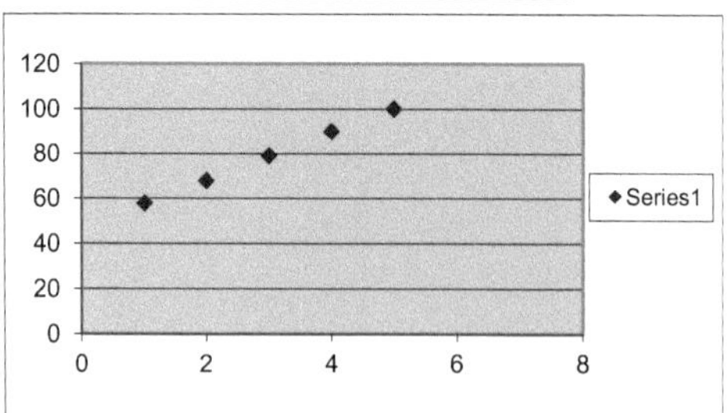

LOS RESULTADOS OBTENIDOS SOLO AFECTAN A LA MUESTRA ENSAYADA.
OBSERVACIONES: ESTA GRAFICA CORRESPONDE A LA UTILIZACIÓN DE 40% DE GRAVA QUE SE UTILIZARA EN LA ELABORACIÒN DE MEZCLA ASFALTICA

INFORME DE CALIDAD DE ARENA

PLANTA: BANCO	DIRECTOR:
LOCALIZACIÓN:	CLIENTE O CONSTRUCTORA:
OBRA:	DIRECCIÓN:
TIPO DE MATERIAL: RIOLITA	MUESTRA No.
PARA UTILIZARSE EN: AGREGADO PRTREO	ESTINO: ESTUDIO DE CALIDAD DEL MATERIAL
PROCEDENCIA:	FECHA DE MUESTREO:
MUESTREADA EN: ALMACEN BANCO	FECHA DE PRUEBA:

COMPOSICIÓN GRANULOMÉTRICA

PRUEBAS FISICAS	NORMA MEXICANA VIGENTE UTILIZADA	RESULTADOS ARENA	LIMITES ESPECIFICADOS
MASA ESPECIFICA (MES55) (kg/m^3)	NMX-C-164	2.60	
ABSORCIÓN (%)	NMX-C-164	4.00	
MASA VOLUMETRICA SUELTA (kg/m^3)	NMX-C-073	1339	
MASA VOLUMETRICA VARILLADA (kg/m^3)	NMX-C-073	1503	
PERDIDA POR LAVADO CRIBA No. 200(%)	NMX-C-084	4.00	% MAX.
ARCILLA POR SEDIMENTACION (%)	SRH	0.20	% MAX.
MATERIA ORGANICA (%)	NMX-C-058-ONNCEE	0.00	% MAX.
PARTÍCULAS DEZLENABLES (%)	NMX-C-071 ONNCCE	0.0	% MAX.
PARTÍCULAS LIGERAS (%)	NMX-C-072 ONNCCE	0.0	% MAX.
ABRASIÓN LOS ÁNGELES (%)	NMX-C-196 ONNCCE	16.20	% MAX.

NMX-C-077 ONNCCE EN VIGOR

CRIBA	% RETENIDOS % PASA			
	LIMITES		MATERIAL	
	MAX.	MIN.	RET.	ACUM.
No. 4	5	0	0	9
No. 8	20	0	47.3	47.3
No. 16	50	15	25.9	73.2
No. 3	75	40	11.6	84.8
No. 50	90	70	3.3	88.1
No. 100	98	90	2.5	90.7
No. 200	---	---	5.9	96.6
CAROLA	100	100	3.4	100
M.F.				3.90

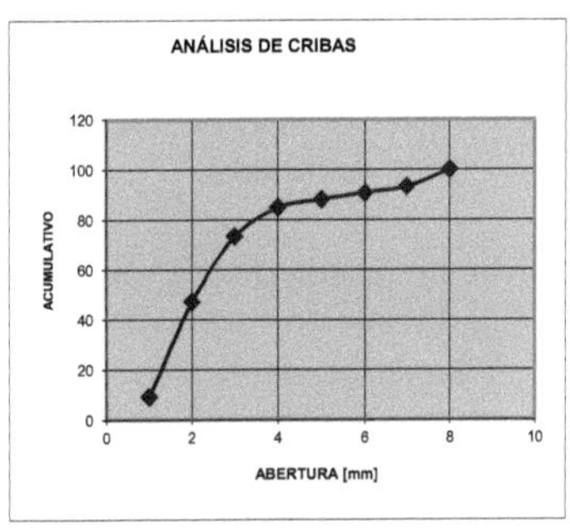

LIMITE DE CONSISTENCIA	
LÍMITE LÍQUIDO (S.C.T.)	19.0
LÍMITE PLÁSTICO (S.C.T.)	18.5
INDICE PLÁSTICO (S.C.T.)	0.5
CONTRACCIÓN LINEAL (S.C.T.) (%)	0.0

LOS RESULTADOS OBTENIDOS SOLO AFECTAN A LA MUESTRA ENSAYADA.
OBSERVACIONES: ESTE MATERIAL ARROJA RESULTADOS CON MODULO DE FINURA FUERA DE LOS LIMITES, DEBIDO AL TIPO DE TRITURACION EN EL LABORATORIO POR LO QUE EN LA PRODUCCION SE OBTENDRA MEJOR CURVA GRANULOMETRICA.

La muestra corresponde a un basalto riolítico, de la cual se obtuvo grava de ¾ a criba No. 4 y arena para su análisis.

La muestra se trituro; en una trituradora de quijada que da un producto lajeado, que es el más desfavorable para la evaluación de la resistencia a la abrasión y los resultados en partículas lajeadas y alargadas son mayores que cuando se usa una quebradora de impacto que para este caso no se obtuvieron .

De acuerdo a lo que mayor se usa tanto en la elaboración de concreto hidráulico y asfalto se decidió elaborar una granulometría (de las cuales se anexa informes) para una grava de ¾ a la No. 8 y así evaluaría a la abrasión por desgaste de los Ángeles y obtener las propiedades mas importantes y mas representativas.

En la determinación de las propiedades físicas de la roca se llevaron a cabo los procedimientos de la prueba establecidas en las normas oficiales mexicanas que rigen actualmente y que son necesarias para formar un criterio adecuado en la obtención de cada uno de los resultados encontrados.

Los resultados encontrados en cada prueba nos permite establecer en que parámetros se encuentra la roca y determinar que usos se les pueden dar, escogimos las pruebas índice, las que establecen de una forma más drástica la calidad del material.

Los registros granulométricos no los incluimos ya que se cumplen de acuerdo con la trituración, separación de tamaños del material, lavado con agua y otro tratamiento de acuerdo a como se presenta cada requisito y cada material que se desee producir. Es necesario establecer que todo material necesita de un tratamiento y de acuerdo a la calidad con que se le de este tratamiento, es el producto que se obtiene; aunque en la tabla que se presenta se incluyen los resultados de la arena triturada, en el informe de calidad el resultado es de una arena gruesa que su uso resulta como un agregado indispensable en la elaboración de concreto asfáltico y dependiendo del tipo de trituradora que se tenga en la planta se podrá utilizar como agregado para concreto hidráulico de altas resistencias.

Por lo anterior, le presento una tabla de resumen de las pruebas que se le hicieron al material, acompañada de las principales especificaciones que manejan tanto la SCT, así como las especificaciones de materiales usados en la fabricación de concreto hidráulico de acuerdo a las normas (NMX-C-111; especificaciones generales de Agregados Pétreos para Elaborar Concretos Hidráulicos). Para los diferentes usos que pueda tener su material.
Glosario

Agregado pétreo: Proviene del latín petreus, es aquél material granulares sólidos inertes que proviene de la roca y es utilizado que se emplean normalmente como materiales de construcción

Arcilla: Son substancias terrosas sedimentarias formadas principalmente por silicatos alumínicos hidratados con materia coloidal y trozos de fragmentos de roca, procedentes de la descomposición de rocas que contienen feldespato que generalmente se hacen plásticas cuando están húmedas, y pétreas por la acción del fuego.

Conglomerado: Es una masa que se forma mediante fragmentos redondeados de distintas rocas o sustancias minerales que se unen por un material cementante.

Desdenable: Es propiedad del mineral, de fracturarse en pequeños fragmentos.

Granate: Piedra fina compuesta de silicato doble de alúmina y de hierro u otros óxidos metálicos, lo cual le da la coloración.

Mármol: Es una roca metamórfica compacta formada a partir de rocas calizas cristalizadas debido a las s a elevadas temperaturas y presiones que fueron sometidas, las cuales presentan contenidos superiores 90 %; de carbonato cálcico.

Mineral en greña: Es el mineral utilizado tal como sale de su explotación

Refractariedad: propiedad de las arcillas a resistir los aumentos de temperatura sin sufrir variaciones, aunque cada tipo de arcilla tiene una temperatura de cocción.

Resistencia a la abrasión, desgaste, o dureza de un agregado: Es una propiedad que depende principalmente de las características de la roca madre, como es la dureza y compactabilidad.

Roca dimensionable: Es definida como un material natural de roca que puede extraerse, cortarse y comercializarse que reúnan especificaciones tales como tamaño, anchura, longitud, espesor y forma de manera de garantizar su estética y durabilidad

Roca encajonante: Es el conjunto de rocas junto al cual o dentro del cual se ha creado un cuerpo mineralizado con diferentes características a la roca original limitando la zona mineralizada.

N
O E
S

Printed by Books on Demand GmbH, Norderstedt / Germany